JN091616

予算1万円でつくる 二足歩行ロボット

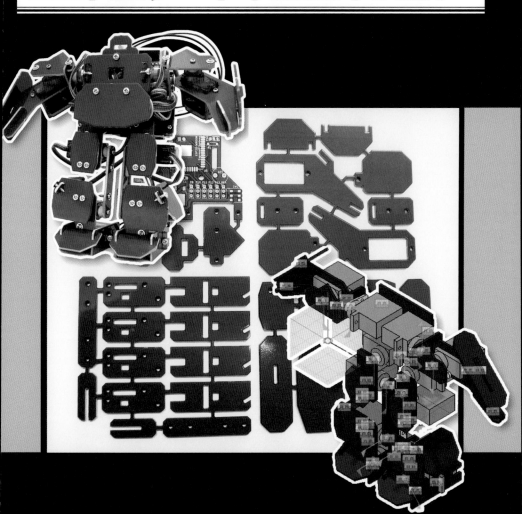

はじめに

　インターネットの需要を飛躍的に拡大したのが「検索」であったとすれば、これからのキーテクノロジーである「AI」のキラーコンテンツとなり得るのは「ロボット」ではないでしょうか。

　本書では、「手のひらサイズ」の「2足歩行ロボット」を制作します。
　市販のキットは使わずに、「機構設計」「回路設計・製作」「マイコンプログラミング」まで、自分でイチから作ります。
　材料費はおおよそ1万円を少し超えるくらいです。

●機構

　電子工作経験者がロボットに挑もうとしてネックになるのが機械部品の制作です。
　今回、アクチュエータには市販のサーボを利用しますが、構造部品は回路基板と共どりで基板業者に加工を依頼することで、この点のハードルを下げています。
　設計には「Fusion360」（フリーの3D CAD）を使います。

●回路設計・製作

　簡単な回路であれば「ブレッドボード」や「ユニバーサル基板」を使って手組みも可能ですが、ロボットとしてきれいにまとめるならやはり専用の基板を起こしたいところです。
　そこで、「KiCad」という「基板設計CAD」で基板を設計し、構造部品とともに発注します。

●マイコンプログラミング

　「ESP32」というマイコンを使ってArduinoでプログラミングします。
　電子工作をかじったことがあればまったく問題ないと思います。
　AIの搭載まではいきませんが、リモコンでロボットを操縦できるようにします。

＊

　1つの試作品をゼロからきちんと動くところまで完成させれば、大きな自信になります。
　たとえ、それが本のとおりに作っただけであっても、必ず次につながります。
　ぜひトライしてみてください。

中村　俊幸

予算1万円でつくる 二足歩行ロボット

CONTENTS

「サンプル・プログラム」のダウンロード

　本書の「サンプル・プログラム」は、工学社ホームページのサポートコーナーから
ダウンロードできます。

＜工学社ホームページ＞

http://www.kohgakusha.co.jp/support.html

ダウンロードしたファイルを解凍するには、下記のパスワードを入力してください。

ppQhK5xzo4e3

すべて「半角」で、「大文字」「小文字」を間違えないように入力してください。

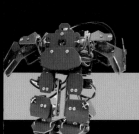
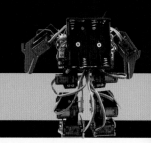

第1章

仕様検討

最初に制作するロボットの仕様を検討します。

1-1　全体の構成

ロボット技術は、「メカニクス」「エレクトロニクス」「ソフトウェア」の領域を、横断的に駆使して成立しています。

この中には、「アクチュエータ」（モータ技術）や、「センサ」「制御」「画像処理」「AI」などが含まれます。

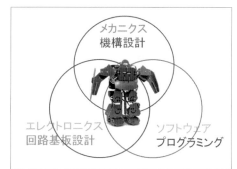

図 1-1　ロボット技術

本書では、なるべく安価な材料や部品とフリーの開発環境を使って、2足歩行ロボットを製作しながらロボット技術の基礎を学んでいきます。

設計目標は、
・前後左右歩行、旋回ができる2足歩行ロボット
・RCサーボを使った安価な構成
・機械加工を必要としない
・初心者向けの開発システムを使う
とします。

■メカニクス

ホビーで歩行ロボットを製作する場合、関節の駆動系には、「RC (ラジコン) サーボ」を利用するのが一般的です。

図 1-2　SG-90 サーボ

決まった動きをする玩具のようなロボットや、車輪で推進するものを除けば、これ以外の選択肢はありません。

「RCサーボ」は、電源と角度を指定する信号をマイコンから与えれば、自動で回転して保持してくれます。

そのため、関節角度の制御に関して考える必要がありません。

今回は、大量に流通していて安く入手しやすい「SG-90」というRCサーボ (9g マイクロサーボというカテゴリ) を使うことにします。

「RCサーボ」が決まれば、駆動できるロボットの大きさや重さはだいたい決まってきます。

ロボットの「ボディ」や、「四肢」を構成する「フレーム部材」は、すべて「板状の部品」にして、「制御基板」と一体で形成できるようにし、基板製造メーカーに発注します。

この方法により、「機械加工を伴う構造部材の設計や製作」が、ロボットを作る際の大きなネックとなることを回避します。

機構設計には、「Fusion360」という 3D-CAD を使います。

■ソフトウェア

　ロボットの制御ソフトウェアの開発には、「Arduino（アルデュイーノ）」を使います。

　同じようなシステムには、他に「mbed」（エムベド）、「micro:bit」（マイクロビット）などがありますが、初心者にとっての馴染みやすさや、C言語が使えること、ユーザー数の多さなどから「Arduino」を選択しました。

　また、「オリジナルの互換基板」を製作するのが、比較的容易であることも、理由のひとつです。

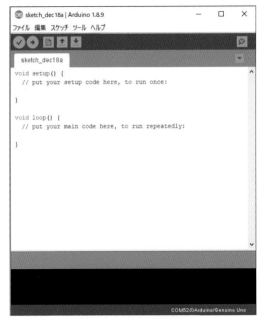

図 1-3　Arduino開発画面

■エレクトロニクス

「制御基板」は、作るロボットに合わせて、オリジナルの「Arduino互換基板」を作ります。

既存の「Arduino基板」と「ブレッドボード」などを用いて作る方法もありますが、「サーボの数」や、「ロボットの大きさ」などを考えると、ちょっと無理があります。

できれば、あまり「試作感」のないものを作りたいので、ここは頑張って基板を製作しましょう。

図1-4 ブレッドボードで実験

「回路」は、なるべく部品を減らして簡略化しますが、スペース効率の関係上、一部に「表面実装部品」(部品の足を穴に挿さないタイプ)を使用します。

ハンダ付けが少し難しくなりますが、「1.27mmピッチ」(部品の足の間隔が1.27mm)ですので問題なく作業できると思います。

回路、基板の設計には「KiCad」というフリーソフトを使います。

1-2　メカ系の仕様

　関節駆動用に「SG-90系」のサーボを使う、という前提で「メカ系の仕様」を決めていきます。

■関節の構成

　最初に、「3次元空間内での回転軸の名称」を確認しておきます。

　図1-5を参照してください。

　人間が正面を向いて首を頷く回転軸が「ピッチ軸」、首を横にかしげるのが「ロール軸」、横を向くのが「ヨー軸」です。

　「サーボ」(モーター一般)は1軸回転ですから、これを全身の各関節に割り当てて配置します。

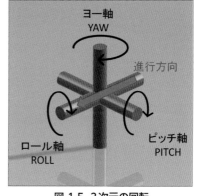

図 1-5　3次元の回転

　ホビー用の組み立てロボットで言うと、割と高価なものであれば、下半身が「10〜12関節」、上半身が「6関節」、首が「1関節」ぐらいが普通です。

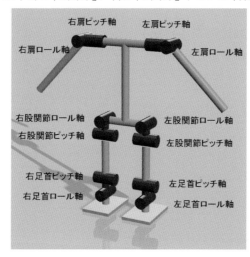

図 1-6　関節配置

1 仕様検討
2 メカ設計
3 基板設計
4 組み立て
5 プログラミング

　本機では、きちんと脚を上げた「2足歩行」ができ、見た目もある程度本格的な雰囲気を出すことができるように考慮して、**図1-6**のような関節配置にしました。

　下半身に「8関節」と、上半身に「4関節」です。

　「ひざ関節」がありませんが、2足歩行は可能で、デザインでそれっぽく見せています。

　各関節の可動範囲をある程度確保するように「サーボ」を配置し、身長は「15cm弱」となりました。

　ボディを構成するパーツを「制御基板」とし、背中側に「バッテリ」(乾電池)を搭載します。

■サーボのトルク

　きちんと思い通りの動作をさせることができるかどうか、非常にラフですが、「サーボのトルク」を確認しておきます。

　図1-7のように片脚をあげて立っている状態を考えます。

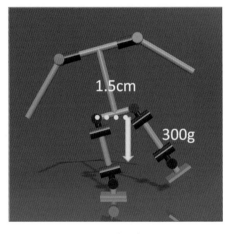

図1-7　片足立ち

　「右股関節ロール軸のサーボには、右脚以外の部分の体重が約**1.5cm**の距離のところにかかっています。

*

　重量は多めに見て「300g」とします。

　すると、サーボが支える「モーメント」(トルク)は、

300gf × 1.5cm = 450 gf・cm

となり、サーボの仕様、

1.8 kgf・cm (5V)

に対して、一応、余裕があります。

　これは「静的」な計算で、動的に体重を持ち上げたりする場合には適用できま

せんが、だいたいの目安にはなります。

また、ほとんどのサーボは出力軸が「片持ち」の構造になっています。

「片持ち」の軸受けは片手を伸ばしてバケツを持っているような状態で、機構的にはあまり好ましくありません。

「両持ち軸受け」にするには、サーボの反対側 (底面) にもの軸受けを設けて、両側をつまむような形で機構を構成する必要があります。

これは自作の難易度を上げ、ロボットの大型化にもつながるため、今回は「片持ち」で設計します。

1-3 回路系の仕様

「Arduino互換」の回路を設計するための仕様を検討します。

■マイコン選定

ロボット制御用のマイコンとして「ESP32」(ESP32-WROOM-32) を採用しました。

標準的なArduinoボード「Arduino UNO」に使われている「ATMEGA328P」も候補に挙がります。

図1-8 ESP32

しかし、DIP品は形状的に大きく、端子が基板裏面に出るのでサーボの取り付けに不利である点、表面実装品は端子間ピッチが狭く、慣れていないとハンダ付けが難しいとの理由から、除外しました。

ESP32はArduinoの開発環境が使え、「Wi-Fi」「Bluetooth」の通信機能も備えています。

■搭載する機能

ESP32マイコンの端子に入出力機能を割り当てるため、ロボットに搭載するフィーチャーを決めます。

まず、必須なのは、「サーボ駆動」です。

マイコンの使用端子を節約するために別部品を使って I2C からサーボを制御する方法もあります。

しかし、スペースを節約するためと、狭ピッチ IC の使用をさけるために、ここでは「ESP32から直接」、サーボ制御信号を出すことにします。

図 1-9 リモコンで操縦

Arduinoの「ledcWrite」という ESP32用の関数を使って、合計16系統までのサーボ信号を出力することができます。

その他、赤外線リモコンを受信するための「入力/LED」、圧電スピーカー (パッシブブザー) を駆動するための「出力端子」、センサ類利用のための「I2C端子」を割り当てます。(図1-10)

■プログラムの書き込み

ESP32は「Arduino IDE」(開発環境) を使って、パソコンから USB 経由でプログラムを書き込むことができます。

基板上に「USB-シリアル変換IC」を搭載して、「USBコネクタ」を設ければよいのですが、どちらも小型でハンダ付けが困難です。

今回は、シリアル信号の受け口のみを基板側に用意して、USB-シリアル変換は「市販のモジュール品」を使うことにします。

　他には、プログラム書き込みに関連するいくつかの「周辺部品と、乾電池からマイコン用の3.3Vを作るための「3端子レギュレータ」」を搭載します。

GND	GND	1
3V3	3V3	2
EN	EN	3
	SENSOR_VP	4
	SENSOR_VN	5
	IO34	6
	IO35	7
Servo0	IO32	8
Servo1	IO33	9
Servo2	IO25	10
Servo3	IO26	11
Servo4	IO27	12
Servo5	IO14	13
Servo6	IO12	14

38	GND	GND
37	IO23	
36	IO22	SCL
35	TXD0	Serial
34	RXD0	Serial
33	IO21	SDA
32	NC	
31	IO19	
30	IO18	LED Out
29	IO5	Renote In
28	IO17	Buzz Out
27	IO16	Servo11
26	IO4	Servo10
25	IO0	IO0

15	16	17	18	19	20	21	22	23	24
GND	IO13	SD2	SD3	CMD	CLK	SD0	SD1	IO15	IO2
GND	Servo7							Servo8	Servo9

図 1-10　マイコンの端子割り当て

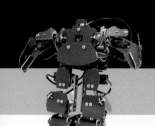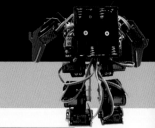

第2章

メカ設計

フリーの機構設計 3D-CAD「Fusion360」を使って、「ロボット・メカ」の設計をします。

2-1　Fusion360の準備

　ロボットの機構設計には、Autodesk社が提供する3D-CAD「Fusion360」を使います。

　「基本的な設計機能」から、「レンダリング」「アニメーション」「応力解析」まで備えた、本格的な3D-CADですが、ここでは最低限の機能のみを使います。

■Fusion360のインストール

　Autodesk社のサイトからダウンロードします。

https://www.autodesk.co.jp/products/fusion-360/overview

[1]「無償体験版」のダウンロード

　「Fusion360」のサイトで、「無償体験版をダウンロード」をクリックします。

図2-1　Fusion360のサイト

[2]目的を選択

「無償体験版」のページで、「非商用
目的」をクリックします。

図2-2　無償体験版のページ

[3]「今すぐ開始する」をクリック

「個人用Fusion360」のページで、
「今すぐ開始する」をクリックします。

図2-3　個人用Fusion360のページ

[4]アクティベーション

「アクティベーション」のページで、
「サインイン」をクリックします。

図2-4　アクティベーションのページ

1 仕様検討

2 メカ設計

3 基板設計

4 組み立て

5 プログラミング

[5]アカウントを作成

初めての場合はアカウントを作る必要があります。

必要事項を記入して「CREATE ACCOUNT」をクリックします。

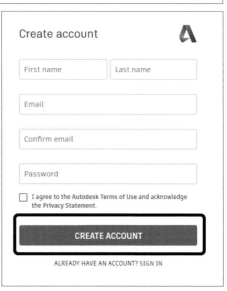

図2-5 アカウントを作成

[6]「アカウント作成」の完了

アカウントが作れたら、「DONE」をクリックします。

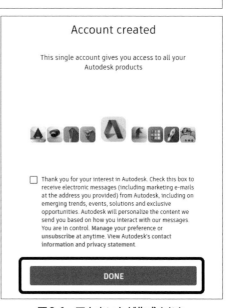

図2-6 アカウントが作成された

[7]ダウンロードの開始

　次に現われるページで「今すぐ始め
る」をクリックすると、ダウンロード
が始まります。

図2-7　今すぐはじめる

[8]インストール

　ダウンロードしたインストーラを
実行して、インストールを開始しま
す。

図2-8　インストール

■「Fusion360」を起動

デスクトップのアイコンをダブルクリックして「Fusion360」を起動。

サインインが求められるので、「メール・アドレス」と「パスワード」を入力します。

起動画面は、**下図**のように、平面を「斜め上」から見た状態になっています。

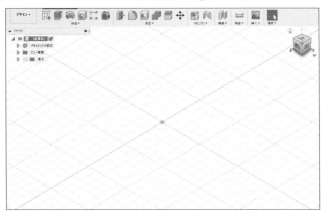

図2-9　Fusion360を起動

[1]マウス操作

　画面内の「移動」「回転」「ズーム」は、マウスホイールを使って行ないます。

・ドラッグ：移動

・Shift + ドラッグ：回転

・スクロール：ズーム

・左クリック：選択

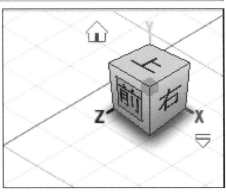

図2-10　ビューキューブ

まずは、これらを使って画面をグリグリ動かして、画面内の3D空間を体感

してみてください。

また、回転動作時に、画面右上の「ビューキューブ」が合わせて回転することを確認してください。

この「ビューキューブ」を使っても視点を動かすことが可能です。
「家のマーク」で、イニシャル視点に戻ります。

なお、Y軸が上向きになっていない場合は、画面右上の名前をクリックして、「基本設定」→「一般」→「既定のモデリング方向」で「Y（上方向）」としてください。

[2]プロジェクトを作成

これから設計するロボットは、細かいネジなどは省略しつつ、すべての部品を「1つのプロジェクト」の中で管理していきます。

図2-11　データパネルボタン

そのための「プロジェクト」を作ります。

「データパネル・ボタン」をクリックして、データパネルを開きます。

「新規プロジェクト」ボタンをクリックして、プロジェクトの名前（例：my_robot）を入力します。

図2-12　新規プロジェクト

「my_robot」をダブルクリックするとmy_robotのデータパネルが開きます。

ここで一度保存しておきます。
「保存」ボタンをクリックして、ファイル名として同じ名前を入力します。

図2-13　保存ボタン

データパネルは×印で閉じておき
ます。

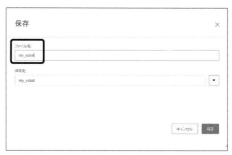

図2-14　保存パネル

2-2　RCサーボのモデリング

ここからいよいよ機構設計に入っていきます。
部品を1つ1つ作りながら、ロボットの形に組み上げていきます。

まずは、既存の部品である「RCサーボ」をモデリングしてみます。

寸法は、実際に使うもの(SG90)を、定規やノギスを使って測定しています。

■コンポーネント(部品)の生成

「部品」として「サーボ」を登録します。

画面左側のブラウザでいちばん上の「my_robot」を右クリック、「新規コンポーネント」をクリックします。

図2-15　新規コンポーネントを生成

名前を「servo」に変更します。

右側の黒丸は、現在そのコンポーネントが「アクティブ」になっていることを示しています。

名前は自動的に「servo:1」となります。

図2-16 servoと入力

■モデリング

「3Dモデリング」を開始します。

[1]直方体を生成

ブラウザで原点の「目のアイコン」をクリックして、原点まわりの座標面を表示します。

「XY平面」(ビューキューブ参照)を選択した状態で、上部ツールバーの「スケッチを作成」ボタンをクリックします。

スケッチを作成する準備ができました。

このスケッチでサーボを構成する直方体の底面を作図します。

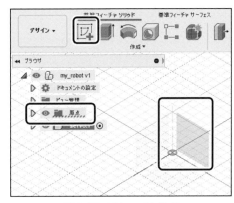

図2-17 スケッチを作成

「2点指定の長方形」ボタンをクリックした後、マウスの左ボタンをドラッグして適当に長方形を描きます。

場所はどこでも構いません。

マウスを離して、寸法を「縦12mm」「横23mm」と入力します。

入力寸法の切り替えは「TAB」キーです。

寸法を入力して、「サーボの底面形状」が確定しました。

スケッチパレットで「スケッチを終了」をクリックします。

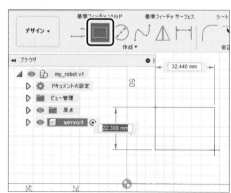

図2-18　長方形を作図

画面が3D表示に変わるので、ツールバーの「押し出し」ボタンをクリックします。

矢印をドラッグするか、数値（22.5mm）を入力して直方体を作ります。

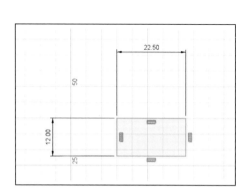

図2-19　長方形を確定

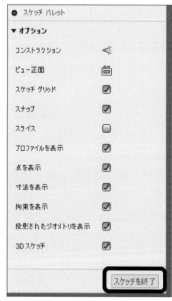

図2-20　スケッチパレット

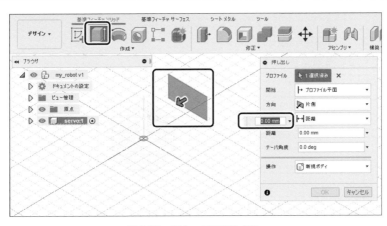

図2-21　スケッチを押し出し

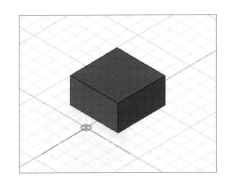

図2-22　直方体を作成

[2]円形ボスを作成

続いてサーボの出力軸部分の「円柱ボス」を作ります。

「ボス」とは、「出っ張り形状」(突起)のことです。

直方体の前面を選択してからツールバーの「スケッチを作成」ボタンをクリックします。

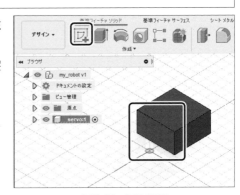

図2-23　面を選択

再びスケッチモードに入るので、「中心と直径で指定した円」ボタンをクリックして適当に円を作図し、直径を「12mm」とします。

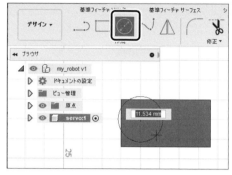

図2-24 円を作図

ツールバーの「作成ドロップダウンリスト」から、「スケッチ寸法」をクリックします。

円の中心を、端面からそれぞれ「6mm」としてください。

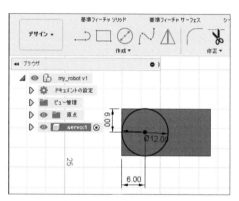

図2-25 円の位置を確定

スケッチを終了し、円を押し出して円柱ボスを作成します。

寸法は4mmとします。

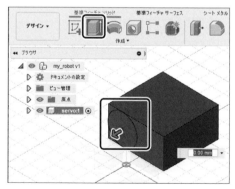

図2-26 円を押し出し

同様にして出力軸の突起を作ります。

実際には回転する部品ですが、ここでは「固定」で作ってしまいます。

円柱ボスの天面を選択して、「スケッチを開始」ボタンをクリックします。

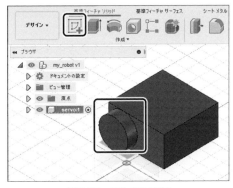

図2-27 押し出し形状

「中心を直径で指定した円」ボタンで、「直径5mm」の円を作図します。

中心付近にマウスカーソルをもっていくと中心を示すので、これを利用します。

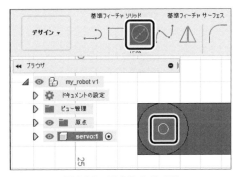

図2-28 円中心のガイド

スケッチを終了し高さ3mmのボスを作成します。

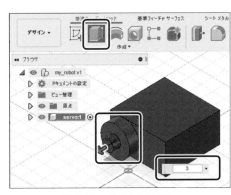

図2-29 ボスを押し出し

[3] 側面リブの作成

　サーボを他の部材に固定するための「側面リブ」を作成します。

　「リブ」は板状の「突起」のことです。

　側面を選択してスケッチを開始します。

図2-30　側面を選択

　「2点指定の長方形」ボタンで長方形を作図します。

　その際、「長方形の上下辺」が「サーボの上下面」と一致するようにします。

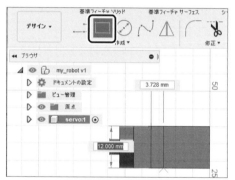

図2-31　長方形を作図

　作図のドロップダウンリストから「スケッチ寸法」をクリックして、寸法を記入します。

　サーボ直方体の端から「4.4mm」、リブの厚みを「2.5mm」とします。

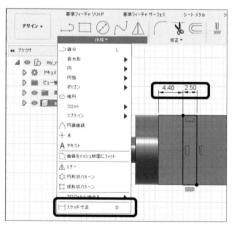

図2-32　寸法を記入

スケッチを終了して「リブ」を押し出します。

押し出し量は「5mm」とします。

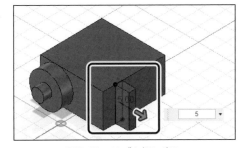

図2-33　リブを押し出し

反対側にも同じリブを作るので、「側面」を選択してスケッチを開始します。

図2-34　側面を選択

同じように作図する方法もありますが、ここでは反対側のリブの断面を投影してみます。

作図のドロップダウンリストから、「プロジェクト／含める」→「プロジェクト」をクリックします。

図2-35　プロジェクトを選択

1 仕様検討

2 メカ設計

3 基板設計

4 組み立て

5 プログラミング

画面を回転させて、作成済みのリブの上面を選択し「OK」ボタンをクリックして、「スケッチ」を終了します。

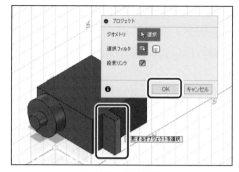

図2-36　面を選択

スケッチを終了して「リブ」を押し出します。

押し出し量は「5mm」とします。

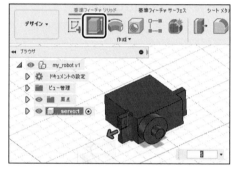

図2-37　リブを押し出し

最後に「ネジ止め用の穴」を開けます。

リブの手前側の面を選択して、スケッチを開始します。

図2-38　面を選択

面の中央に穴を開けるために対角線を引きます。

ツールバーの「線分」ボタンです。

反対側はあらかじめ「プロジェクト」で輪郭線を描いてから対角線を引きます。

対角線の中心に「△マーク」が出るので、これを利用します。

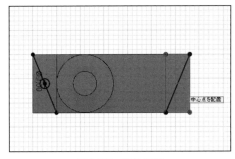

図2-39　円を作図

両側に「直径2mm」の円を作図してください。

二つの穴の内側を選択して「押し出し」ボタンをクリックします。

矢印を奥側にドラッグするか、数値にマイナスの値を入れると、自動的に「切り取り」モードになります。

今回はどこまで切り取るかを「モデルの要素」で指定してみます。

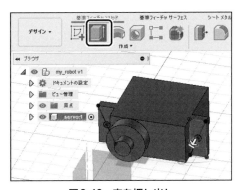

図2-40　穴を押し出し

「押し出し」のパネルで範囲を「オブジェクト」に変更して、リブの裏側の面を選択します。

これでリブを貫通する穴をあけることができました。

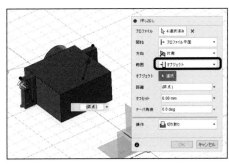

図2-41　オブジェクトまで押し出し

追加で1か所、設計変更をしてみます。

出力軸の直径を「5mm」から「4.5mm」に変更します。

画面下のタイムラインから出力軸のボスを描いたスケッチを見つけて右クリック→「スケッチを編集」をクリックします。

寸法をダブルクリックして「4.5mm」に変更してください。

図2-42　スケッチを編集

[4]外観を設定

サーボの仕上げとして、表面に「色」を付けておきます。

ブラウザの「servo」を右クリックで「外観」を選択、外観パネルから適当なマテリアルを選んでパーツに「ドラッグ＆ドロップ」します。

これでサーボのモデリングは完成です。

図2-43　外観を変更

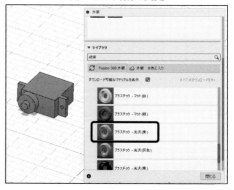

図2-44　外観をドラッグ＆ドロップ

■「サーボホーン」のモデリング

サーボの出力軸に取り付けるアームは「サーボホーン」と呼ばれています。
この部品をモデリングして、サーボに組み付けます。

[1]モデリング

サーボ本体のときと同様にブラウザで、「my_robot」を右クリックして「新規コンポーネント」をクリックします。

生成されたコンポーネントの名前を「horn」と変更します。

図2-45 新規コンポーネントを生成

サーボ軸の上面を選択して「スケッチを開始」ボタンをクリックします。

「一部のコンポーネントが移動されています」と出たら「位置をキャプチャ」ボタンをクリックします。

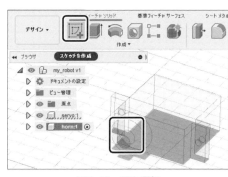

図2-46 面を選択

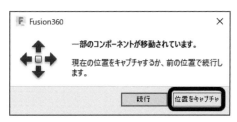

図2-47 位置をキャプチャ

2 メカ設計

3 基板設計

4 組み立て

5 プログラミング

　サーボ軸の中心に合わせて「直径7mm」と「直径4.5mm」の円を作図し、スケッチを終了します。

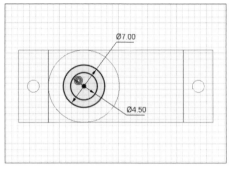

図2-48　円を作図

　二つの円に挟まれた部分を選択して「押し出し」ボタンをクリックします。
　押し出し量を「-2.5mm」と入力し、OK します。

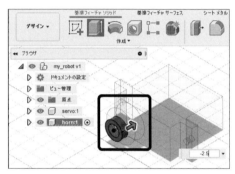

図2-49　円環を押し出し

　次に、今作った部分の上面を選択し「スケッチを開始」ボタンをクリックします。

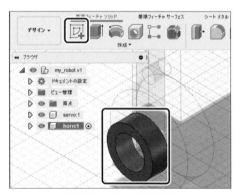

図2-50　スケッチを開始

円の中心から右方向に「長さ14mm」の線分を描き、その先端に「直径4mm」の円を描きます。

左右の円に接する線分を上下に作図します。

接線は、Shiftキーを押しながら円周を選択します。

※やりにくければ水平線でも構いません。

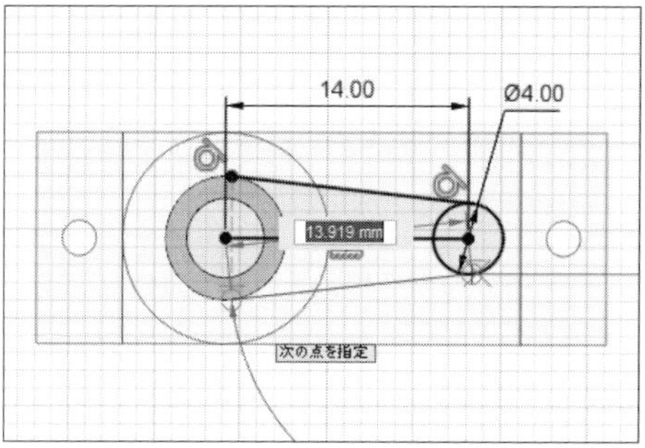

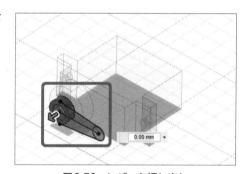

図2-51　レバーの作図

スケッチを終了し、押し出す面を選択して「1.5mm」押し出します。

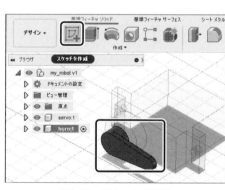

図2-52　レバーを押し出し

今押し出した面を選択し「スケッチを開始」ボタンをクリックします。

図2-53　スケッチを開始

1 仕様検討

2 メカ設計

3 基板設計

4 組み立て

5 プログラミング

元の中心と10.5mmの距離のところに直径2mmの円を作図します。

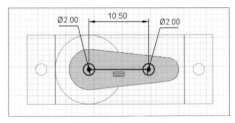

図2-54　穴を作図

二つの円形状を選択して「押し出し」ボタンをクリックします。

押し出しパネルで範囲を「オブジェクト」とし、裏側の平面を選択してOKします。

今回も「外観」を変更しておきましょう。

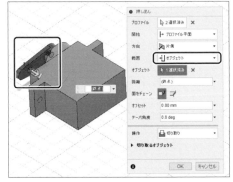

図2-55　オブジェクトまで貫通

■アセンブリ

「Fusion360」などの3D-CADでは、「部品同士の組み立て関係」を設定することができます。

これまで「サーボ」と「サーボホーン」の2つの部品をモデリングしたので、アセンブリを設定してみます。

図2-56　親をアクティブに

現在「horn:1」がアクティブになっているので、ブラウザで「my_robot」横の丸印をクリックして親をアクティブにします。

今は、部品をマウスでドラッグすると自由に動かすことができます。

ツールバーのアセンブリで「ジョイント」ボタンをクリック、「一部のコンポーネントが移動されています」のポップアップで「位置をキャプチャ」ボタンをクリックします。

図2-57 位置をキャプチャ

ジョイントのパネルで、モーションのタイプは「モーション」のタブで「回転」とします。

「コンポーネント1」に対しては、「horn:1」の裏側の凹んだ底面の円を選択します。

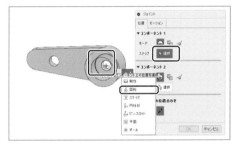

図2-58 コンポーネント1を選択

「コンポーネント2」に対しては、「servo:1」の出力軸の上面の外周円を選択します。

「OK」をクリックします。

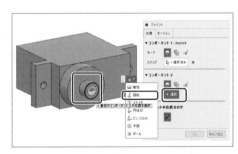

図2-59 コンポーネント2を選択

ジョイントを駆動してみます。

旗のマークを右クリックして「ジョイントを駆動」を選択します。

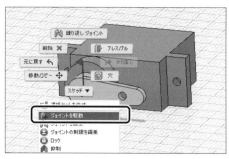

図2-60　ジョイントを駆動

円周上の丸いハンドルを掴んで「サーボホーン」を回転駆動することができます。

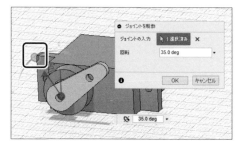

図2-61　ジョイントを駆動する

2-3 「メインボード」のモデリング

「メインボード」は、「電気回路基板」として使うのと同時に、「メカ部品アセンブリのベース」となります。

ロボットの背中側のボディを構成し、「両肩」「両股関節」用のサーボが取り付けられます。

実際の設計に際しては、さまざまな要件を考慮して試行錯誤する必要があります。

ここでは、寸法関係はすでに決まっているものとして、モデリングをしていきます。

■メインボード

「main_board」という名前で新規コンポーネントを作ってください。

原点のXY平面を選択してスケッチを開始します。

図2-62 新規コンポーネントを生成

「2点指定の長方形」を使って**図2-65**のように作図してください。

スケッチを終了し、**図2-63**に示した部分を選択して押し出します。

押し出し量は「1.6mm」です。

これは、「基板を製作する際に指定する厚み」となります。

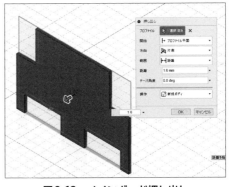

図2-63 メインボード押し出し

ツールバーの「修正ドロップダウンリスト」から、「面取り」を選択します。

図2-64　面取り

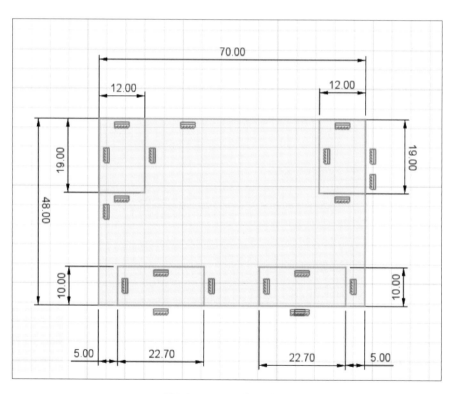

図2-65　メインボード作図

角の稜線2か所を選択して、距離を「12mm」とします。

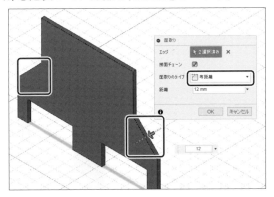

図2-66　面取りを追加

必要な穴をあけるために再度スケッチを作ります。

もちろん、最初のスケッチのときに一緒に描いても同じです。

図2-70を参考に作図してください。

「補助線」（破線）を描くには、実線を右クリックして「標準/コンストラクション」を選択します。

「2.6mm × 12.2mm」の矩形の上下方向位置は、下端を横の角の位置に合わせています。

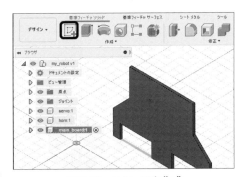

図2-67　スケッチを作成

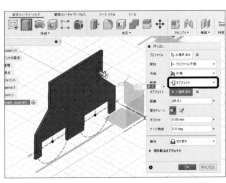

図2-68　穴をあける

マウスを角に1回合わせると、その位置を認識しますので、適当に横方向に
ずらしたところから「長方形」を描き始めます。

「中央の丸穴」はバッテリーホルダー取り付け用、「下部の2mm穴」はサーボ
ネジ止め用です。

スケッチを終了し、「押し出し」で
穴を生成します。
　範囲は「オブジェクト」とし、「裏面」
を指定します。

「OK」して、形状作成は完成です。

これまでと同様に、外観で色を設
定しておきましょう。

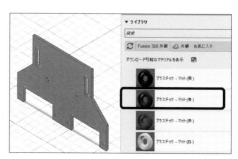

図2-69　外観を設定

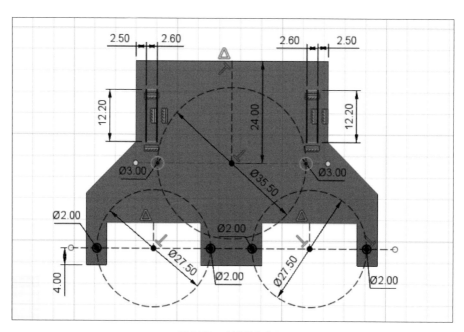

図2-70　穴形状を作図

■アセンブリ

　股関節ロール軸用のサーボ2個、肩関節ピッチ軸用のサーボ2個を、「main_board:1」に組付けます。

　まず、アセンブリの基準となる「main_board:1」を3D空間のなかで位置を固定しておきます。
　ブラウザで「main_board:1」を右クリックして、「固定」を選択します。

図2-71　main_boardを固定

　ブラウザで親の「my_robot」横の丸印をクリックして全体をアクティブにします。
　ツールバーのアセンブリから「ジョイント」ボタンをクリック、ポップアップで「位置をキャプチャ」ボタンをクリックします。

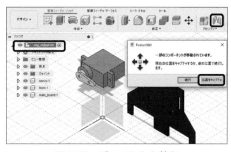

図2-72　ジョイントを使う

　ロボットがこちら側（前）を向いていると考えて、左股関節のサーボから組みつけます。

　サーボを手前から差し込んだときに一致するネジ穴同士を指定します。

　「コンポーネント1」は「servo:1」のリブ裏側の円、「コンポーネント2」

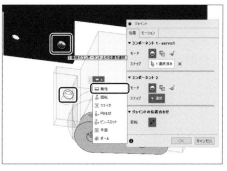

図2-73　コンポーネントを設定

は「main_board:1」こちら側の面の円です。

タイプは「剛性」とします。

「servo:1」が「main_board:1」に組みつけられました。

今回取り付けのオフセット（位置ずらし）はありませんので、数値は「0」のままです。

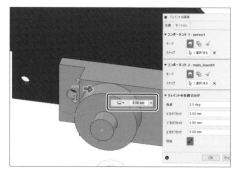

図2-74　servoをジョイントした

残り3つのサーボを配置するために、既存の「servo:1」をコピーします。

ブラウザで「servo:1」を右クリックして「移動/コピー」を選択します。

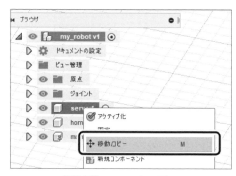

図2-75　servoをコピー

「移動/コピー」のパネルで「コピーを作成」にチェックを入れて、矢印を掴んで適当なところまで移動させます。

自動的に「servo:2」と命名されます。

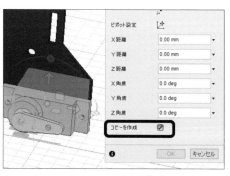

図2-76　コピーを作成

後でジョイントしやすいように「Z軸」で180度回転しておきます。

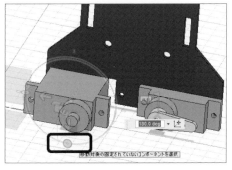

図2-77　180度回転

「servo:1」のときと同様に「main_board:1」にジョイントします。

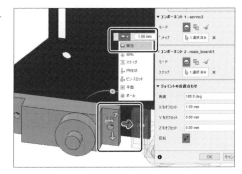

図2-78　servo:2をジョイント

サーボホーンもコピーして(horn:2)、「servo:2」に回転ジョイントで組みつけます。

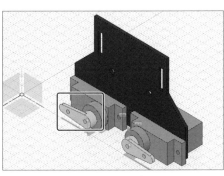

図2-79　horn:2をジョイント

1 仕様検討

2 メカ設計

3 基板設計

4 組み立て

5 プログラミング

肩関節用のサーボもコピーして生成します。

「servo:3」となります。

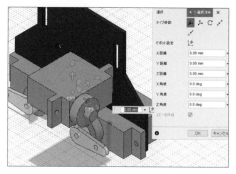

図2-80　サーボをコピー

今回はサーボの『耳』部分を「main_board:1」の矩形穴に差し込んで固定するので、根元の稜線同士をジョイントします。

マウスを稜線のセンター付近にもっていくと串刺し状のマークが現われるので、これを選択します。

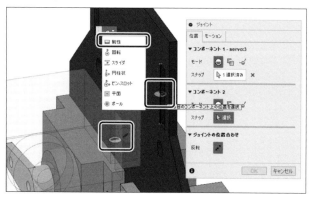

図2-81　servo:3をジョイント

以下、同様に「コピー」「ジョイント」を進めて、「サーボ＋サーボホーン」のペアが4つ、「main_board:1」に取り付けられている状態にしてください。

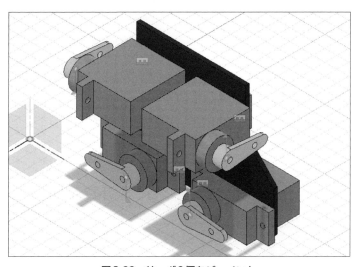

図2-82　サーボ2個をジョイント

　部品が増えてきたので、これまで作ってきたものをまとめて、「サブアセンブリ」としておきます。

　「body_sa」という新規コンポーネントを作り、部品をすべて「body_sa」の中に入れてしまいます。

　その際に、画面下のタイムラインを戻しているとうまくいかないので、右端のボタンをクリックしておきましょう。

図2-83　body_saにまとめる

図2-84　タイムライン

脚部の設計

脚部は「股関節ロール軸」「股関節ピッチ軸」「足首ピッチ軸」「足首ロール軸」からなり、各関節を駆動するための「サーボ」と、サーボを支持して関節間をつなぐ「フレームパーツ」で構成されています。

（股関節ロール軸のサーボは「body_sa」に入れました。）

股関節部から下に向かって、フレームパーツをモデリングしていきます。

すべて「メイン基板」（main_board:1）と一体のパーツとして発注するので、部材の厚みは「1.6mm」となります。

設計は「左脚」についてのみ行ない、右側は最後に「ミラー機能」を使って複製します。

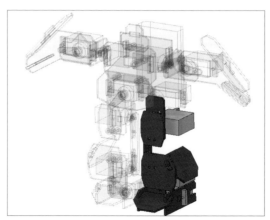

図2-85　脚部

■股関節ロール軸

ロボットが組みあがったときに、他の部品との干渉を避けるために、「股関節のサーボ」は「センター位置」（90度）のときにサーボホーンを下方向に45度回転させた位置に取り付けます。

このため「horn:1」と「horn:2」をジョイント駆動で45度回転させておいてください。

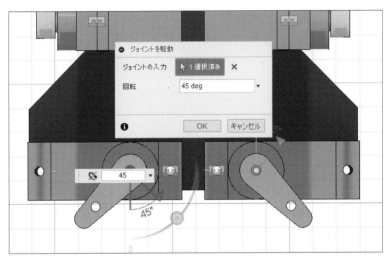

図2-86　股関節ロール軸

新規コンポーネント「leg_plate_1」を作り「horn:1」の面でスケッチを開始します。

ポップアップでは「位置をキャプチャ」です。

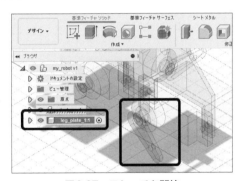

図2-87　スケッチを開始

図2-90を参照して作図してください。

中央の矩形の縦方向位置は、センターが上から「22mm」です。

下の2つの穴はスペーサー取り付け用です。

作図が完了したらスケッチを終了して「1.6mm」押し出します。

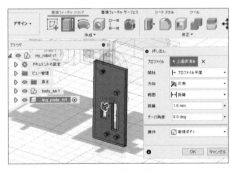

図2-88　押し出し

ツールバーの修正から「面取り」で4つの角を2mm面取りします。

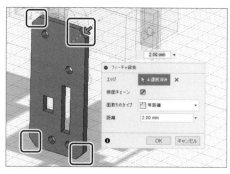

図2-89 面取りを追加

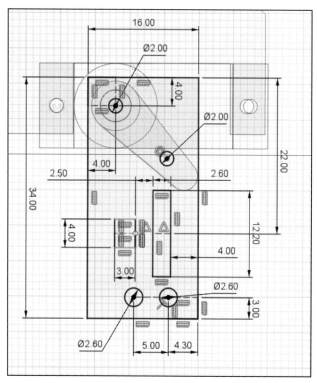

図2-90 leg_plate_1 寸法

「leg_plate_1:1」を「horn:1」に剛性ジョイントします。

ブラウザで親コンポーネントを「アクティブ」にしてから、アセンブリの「ジョイント」ボタンで、向かい合う丸穴端面の稜線を指定します。

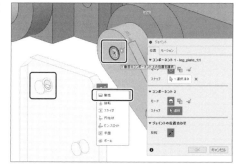

図2-91　horn:1にジョイント

「horn:1」の座標系に倣って斜めに付いてしまうので、円周のハンドルを掴んで45度回転させます。

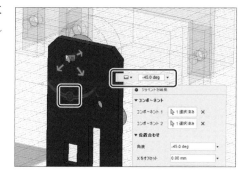

図2-92　leg_plate_1を回転

■股関節ピッチ軸

「leg_plate_1:1」に股関節ピッチ軸駆動用のサーボを取り付けます。

サーボとサーボホーンをコピーして図の位置関係となるようにジョイントします。

「servo:5」、「horn:5」と命名されます。

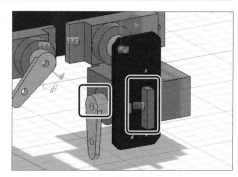

図2-93　ピッチ軸サーボ

股関節と足首関節をつなぐフレームパーツを作ります。

「leg_plate_2」という新規コンポーネントを生成し、「horn:5」の面を選択してスケッチを開始します。

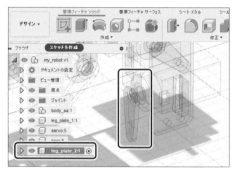

図2-94　leg_plate_2を生成

図2-96を参照して作図をしてください。

押し出しは「1.6mm」で、四隅に「面取り2mm」を追加してください。

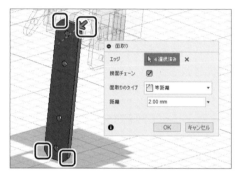

図2-95　面取りを追加

ブラウザで親コンポーネントを「アクティブ」にしてから、上の穴が「horn:5」に合致するように剛性でジョイントしてください。

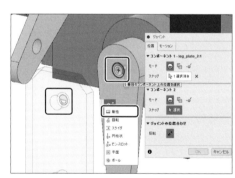

図2-96　leg_plate_2をジョイント

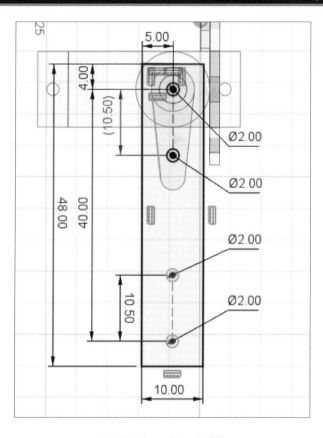

図2-97　leg_plate_2 寸法

■足首ピッチ軸

「足首ピッチ軸駆動」用のサーボを取り付けます。

「サーボ」と「サーボホーン」をコピーして「leg_plate_2:1」の下側の穴にジョイントします。

サーボは「servo:6」となります。

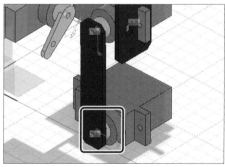

図2-98　ピッチ軸サーボを取り付け

さらに「servo:6」に、「leg_plate_2」をコピーしてきて上下逆にして取り付けます。

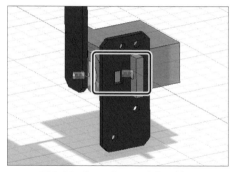

図2-99　leg_plate_2を取り付け

■足首ロール軸

足首ロール軸駆動用のサーボを取り付けます。

サーボとサーボホーンをコピーして「leg_plate_1:2」の下側の穴にジョイントします。

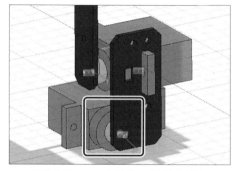

図2-100　ロール軸サーボを取り付け

次に「フットパーツ」を新規コンポーネント「foot_plate_1」として、モデリングします。

「足首ロール軸サーボ」の側面を選択して、スケッチを開始します。

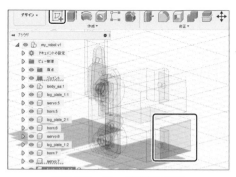

図2-101　サーボ側面を選択

サーボの『耳』を差し込む穴を作図します。

まず、『耳』の断面を投影します。

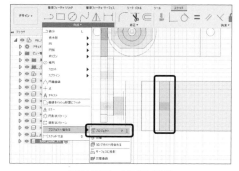

図2-102　リブを投影

修正の「オフセット」ボタンをクリックして投影された矩形を選択し、外側に「0.1mm」オフセットします。

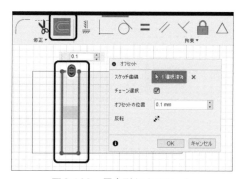

図2-103　長方形をオフセット

続いて、リブ用穴の右側線分の中点から右方向に18mmの補助線を描き、さらに適当な場所に16mm×44mmの長方形を描きます。

ツールバーの拘束から「中点」ボタンをクリックして、18mm補助線の右端と長方形の右側線分を選択します。

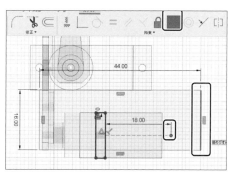

図2-104　外形を作図

センター振り分けの長方形が作図できました。

1 仕様検討

2 メカ設計

3 基板設計

4 組み立て

5 プログラミング

同様にして、2つの小さな「長方形」と、左側の「斜めの切り欠き」を作図します。

「△マーク」は中点であることを示しています。

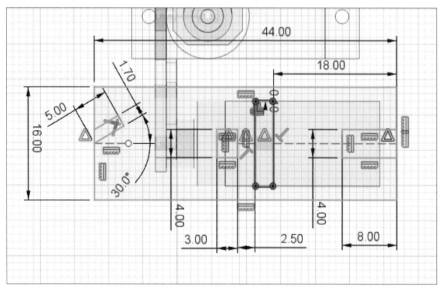

図2-105　foot_plate_1 を作図

「1.6mm厚」で押し出し、上側の角に「3mmの面取り」を付けておきます。

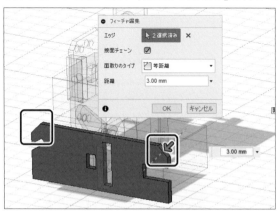

図2-106　leg_plate_1の押し出し

「servo:7」の側面に剛性ジョイントします。

さらに、「foot_plate_1」をコピーして反対側にも取り付けます。

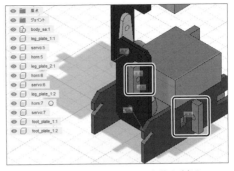

図2-107　foot_plate_1を取り付け

新規コンポーネントとして「foot_plate_2」を生成し、「foot_plate_1」の切り欠き部を選択してスケッチを開始します。

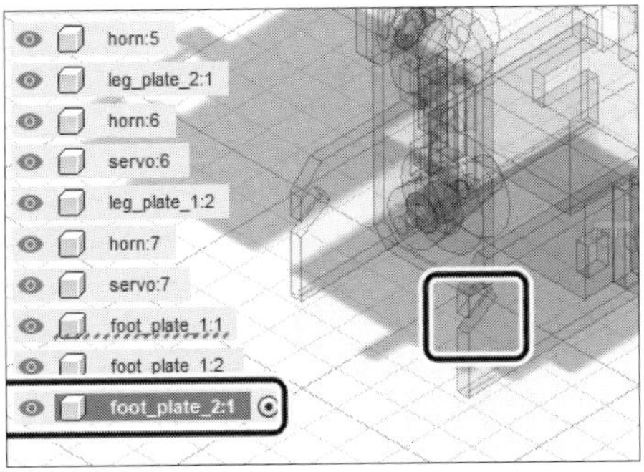

適当に大きめの長方形を描いてから、寸法を入れながら形状を決めていきます。

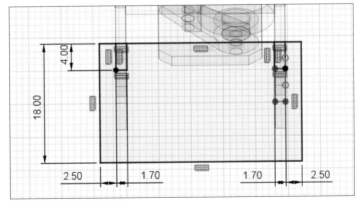

図2-108　foot_plate_2を生成

左側の切り欠き部については「プロジェクト」で形状を投影しておきます。

図2-109　foot_plate_2を作図

1 仕様検討　2 メカ設計　3 基板設計　4 組み立て　5 プログラミング

「1.6mm厚」で押し出し、「8mmの面取り」を両側に追加しておきます。

「foot_plate_1」とかみ合うように剛性でジョイントします。

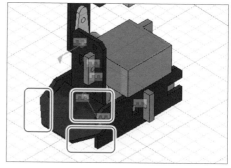

図2-110　foot_plate_2をジョイント

■その他のパーツ

ここまでで、動作に必要な「脚用パーツ」は終わりです。

＊

ここから「装飾用パーツ」を3種類モデリングします。

それに先立って、パーツを取り付けるための「スペーサー部品」を作っておきます。

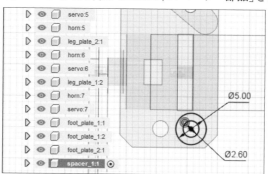

図2-111　底面形状の作図

内径2.6mm外形5mm高さ5mmの円筒形です。

（実際は内側にはネジが切ってあり、六角柱です。）

「spacer_1」という名前で作ってください。

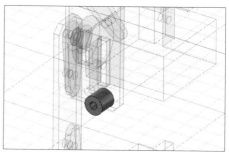

図2-112　spacer_1

作った「spacer_1」をさらに3個コ
ピーして、「leg_plate_1:1」と「leg_
plate_1:2」に取り付けます。

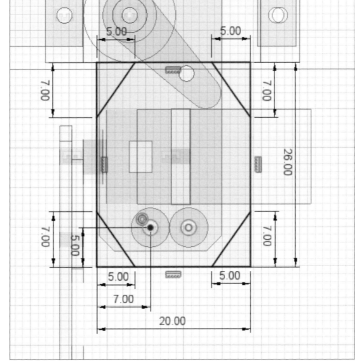

			servo:6
			leg_plate_1:2
			horn:7
			servo:7
			foot_plate_1:1
			foot_plate_1:2
			foot_plate_2:1
			spacer_1:1
			spacer_1:2
			spacer_1:3
			spacer_1:4

股関節側の「spacer_1」の上面でス
ケッチを開始します。

図2-113 spacer_1を取り付け

右側の「ネジ止め用丸穴」はプロジェクトで作ります。

「5mm」と「7mm」の面取りは、3Dモデリングの際に面取りツールで「面取り
のタイプ」を「2つの距離」としても作ることができます。

図2-114 leg_plate_3の作図

モデリングした「leg_plate_3」を、「spacer_1」の端面にジョイントします。

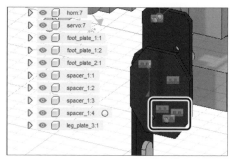

図2-115　leg_plate_3をジョイント

足首側の「spacer_1」の上面で「leg_plate_4」のスケッチを開始します。

右側のネジ止め用丸穴はプロジェクトで作ります。
右上の斜めの長方形穴には、「leg_plate_5」が挿さります。

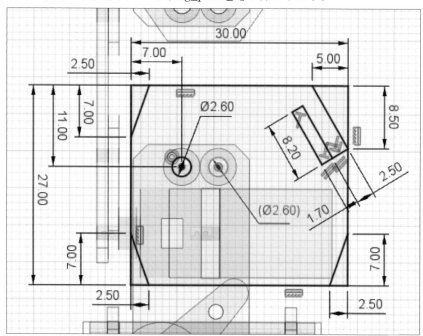

図2-116　leg_plate_4の作図

モデリングした「leg_plate_4」を「spacer_1」の端面にジョイントします。

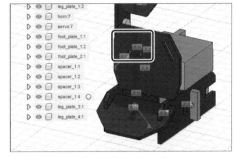

図2-117　leg_plate_4のジョイント

最後に、「leg_plate_5」は「leg_plate_4」の斜め穴の面にスケッチを作ります。

図を参照して作図してください。

丸穴は「φ1.9mm」(直径1.9mm)です。

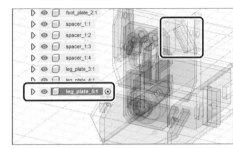

図2-118　スケッチを作成

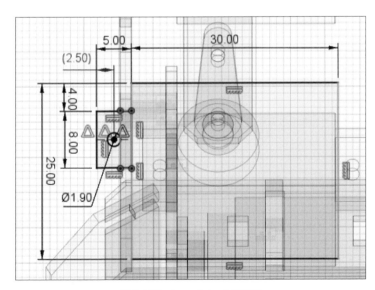

図2-119　leg_plate_5の作図

面取りは「6mm」が3か所、「2mm」が1か所で、凸部が「1mm」の面取りです。

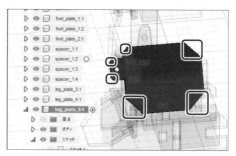

図2-120　面取りを生成

ジョイントは、凸部の内側の短い稜線を指定してください。

＊

これで左脚の設計は完了です。

左脚のパーツ類は、新規コンポーネント「left_leg_sa」を作って中に入れてしまいましょう。

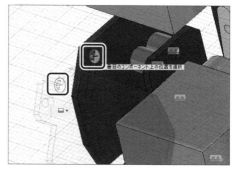

図2-121　leg_plate_5をジョイント

■右脚をミラー生成

ブラウザで「left_leg_sa」を選択してから、「ツールバーの作成」の「ミラー」をクリックします。

ミラーのパネルで、対称面として「YZ平面」（あるいはそれに平行な面）を選択します。

＊

左脚と面対称な「left_leg_sa(ミラー)」が生成されました。

ただし、「ジョイント情報」はすべて失われているので、1つずつジョイントする必要があります。

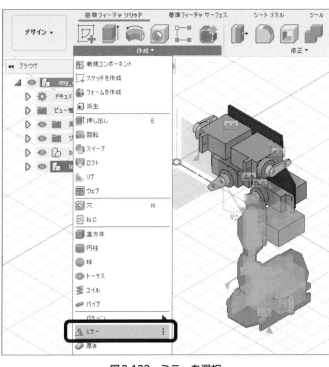

図2-122　ミラーを選択

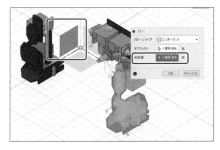

図2-123　対称面を選択

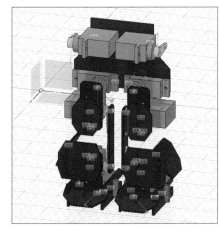

図2-124　脚部が完成

1 仕様検討

2 メカ設計

3 基板設計

4 組み立て

5 プログラミング

2-5　腕部の設計

腕部は「肩関節ピッチ軸」「肩関節ロール軸」からなり、各関節を駆動するための「サーボ」と、サーボを支持して関節間をつなぐ「フレームパーツ」で構成されています。

（肩関節ピッチ軸のサーボは「body_sa」に入れました。）

設計は左腕についてのみ行ない、右側は最後にミラー機能を使って複製します。

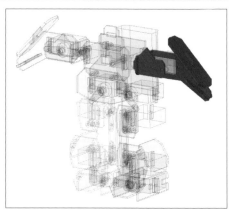

図2-125　腕部の設計

■肩関節ピッチ軸

「ピッチ軸」と「ロール軸」をつなぐパーツを、2個モデリングします。

新規コンポーネント「arm_plate_1」を生成し、ピッチ軸の「サーボホーン面」にスケッチを開始します。

図2-126　スケッチ面を選択

スケッチは、まず「27mm×16mm」の長方形を適当に描き、「左辺」と「サーボ軸用穴」との距離を「12mm」とします。

上下方向は穴を通る水平補助線に関して上下の辺を対称拘束します。

小さい縦長長方形も同様のやり方です。

「1.6mm厚」で押し出した後、角に「面取り2mm」を追加します。

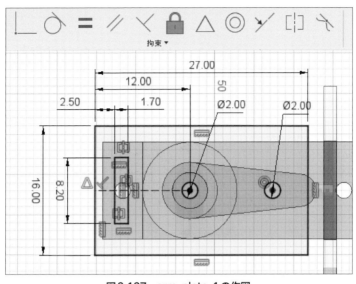

図2-127　arm_plate_1の作図

ジョイントは、「剛性」でサーボホーンに取り付けます。

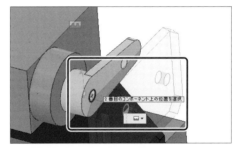

図2-128　arm_plate_1をジョイント

続いて、「ロール軸サーボ」を取り付けるためのパーツです。

新規コンポーネントで「arm_plate_2」とします。

「arm_plate_1:1」の穴の内側面を選択してスケッチを開始します。

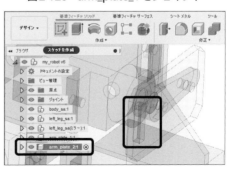

図2-129　スケッチを開始

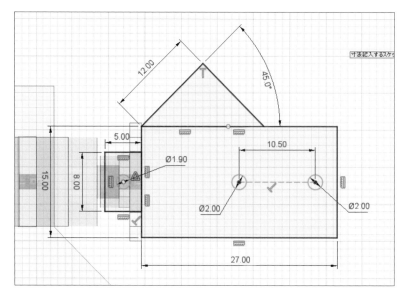

図2-130　arm_plate_2を作図

　「5mm×8mm」の長方形と、「27mm×15mm」の長方形は、接する辺で「セ
ンター拘束」です。

　「丸穴」も、「各長方形の縦横方向センター」や、「辺の中心付近」をマウスで触
ると補助線が出るので、これを利用します。
　「1.6mm厚」で押し出し後、右側角に「面取り3mm」、左側角に「面取り
1mm」を追加します。

　「ジョイント」は、「arm_pla
te_1:1」の穴に「arm_plate_2:1」の凸
部が入るように接触する稜線同士を
剛性でジョイントします。

図2-131　arm_plate_2をジョイント

■肩関節ロール軸

「arm_plate_2:1」に、肩関節ロール軸用の「サーボ」と「サーボホーン」を取り付けます。

「サーボ」と「サーボホーン」は回転ジョイントです。

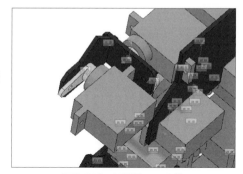

図2-132 肩関節ロール軸

新規コンポーネント「arm_plate_3」を生成し、肩関節ロール軸用サーボのリブ前面を選択してスケッチを開始します。

まず、サーボの底面を投影する長方形を描き、「0.1mm」「5mm」と2回、外側にオフセットします。

図を参考に、肘から下の部分を作図してください。

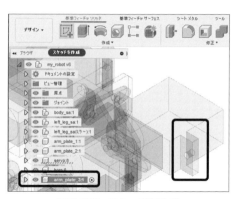

図2-133 スケッチを生成

2か所の凹形状には「腕の装飾部品」が組み込まれます。

「1.6mm」で押し出し、手先に「2mm」、肩側に「5mm」の面取りをつけます。

ネジ穴同士を「剛性」でジョイントします。

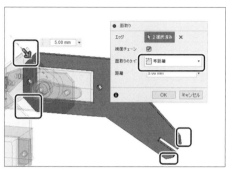

図2-134 面取りを追加

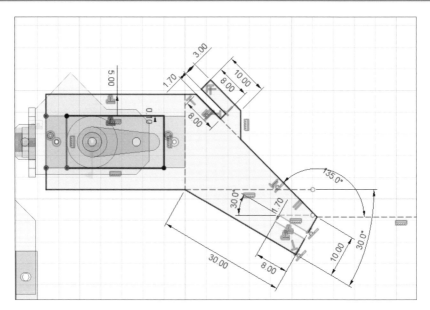

図2-135　arm_plate_3を作図

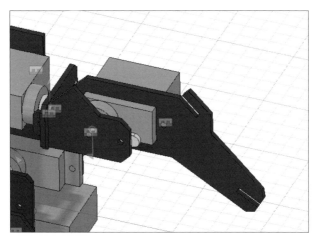

図2-136　arm_plate_3をジョイント

新規コンポーネント「arm_
plate_4」を生成し、「arm_
plate_3:1」の手先切り欠き部でスケッ
チを開始します。

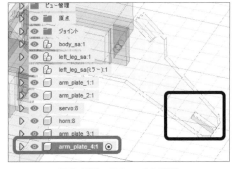

図2-137　スケッチを開始

図2-138を参考に作図してくださ
い。

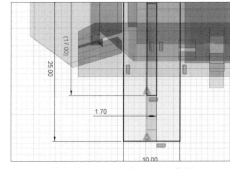

図2-138　arm_plate_4を作図

「1.6mm厚」で押し出し後、「2mm
の面取り」を4か所追加して、切り
欠き部同士をジョイントします。

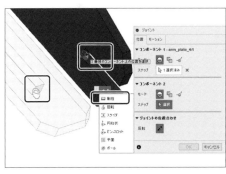

図2-139　arm_plate_4をジョイント

1 仕様検討

2 メカ設計

3 基板設計

4 組み立て

5 プログラミング

69

新規コンポーネント「arm_plate_5」を生成し、「arm_plate_3:1」の肘部切り欠き部でスケッチを開始します。

図2-141を参考に作図してください。

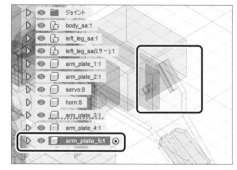

図2-140　スケッチを開始

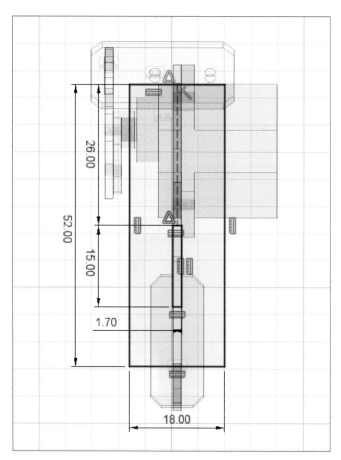

図2-141　arm_plate_5を作図

「1.6mm厚」で押し出し後、「5mmの面取り」を4か所追加して、切り欠き部同士をジョイントします。

これで左腕が完成です。

新規コンポーネント「left_arm_sa」を作り、「左腕関連部品」をこの中に格納します。

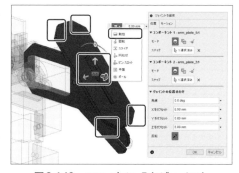

図2-142　arm_plate_5をジョイント

■右腕をミラー生成

ブラウザで「left_arm_sa」をクリックして選択してから、ツールバーの作成から「ミラー」をクリックします。

ミラーのパネルで、対称面として「**YZ平面**」(あるいはそれに平行な面)を選択します。

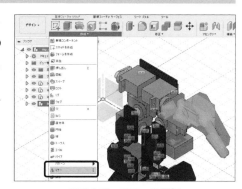

図2-143　ミラーを選択

左腕と面対称な「left_arm_sa(ミラー)」が生成されました。

ただし、「ジョイント情報」はすべて失われているので、1つずつジョイントする必要があります。

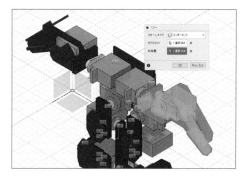

図2-144　ミラーを生成

1 仕様検討

2 メカ設計

3 基板設計

4 組み立て

5 プログラミング

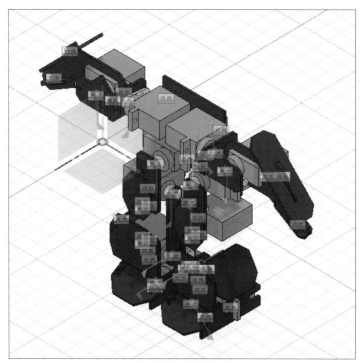

図2-145　腕部が完成

2-6　ボディその他のパーツ

「ボディ部分の残りのパーツ」と「バッテリーボックス」をモデリングします。

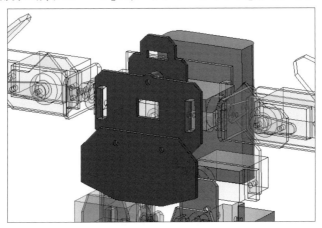

図2-146　ボディパーツ

■ボディ前面パーツ

胸パーツ「front_plate_1」を新規コンポーネントで生成し、「肩関節サーボ」の前側面でスケッチを開始します。

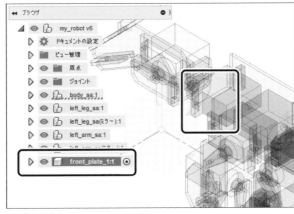

図2-147　スケッチを開始

　左右のサーボのリブをプロジェクトで投影し、これを「0.1mm外側」にオフセットします。

　これら2つの長方形を「縦方向センター」で結ぶ補助線を描き、これを基準として図2-149のような寸法で作図します。

　中央の角穴はサーボの「ワイヤ」の逃げ用です。

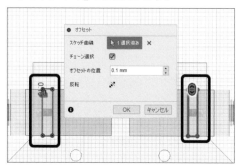

図2-148　リブを投影、オフセット

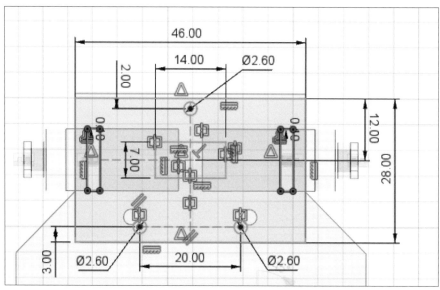

図2-149　front_plate_1を作図

「1.6mm厚」で押し出し、上側の角に「3mm」、下側の角に「5mm」の面取りを追加します。

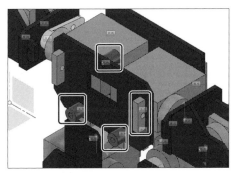

図2-150　面取りを追加

サーボの「リブ」に対して「剛性」でジョイントします。

図のように「spacer_1」をコピーして3つの穴にジョイントしてください。

胸パーツ「front_plate_2」を新規コンポーネントで生成し、「spacer_1」の前側底面でスケッチを開始します。

図2-151　front_plate_1をジョイント

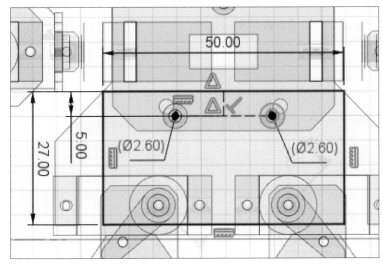

図2-152　front_plate_2を作図

「1.6mm厚」で押し出し、上側の角に「8mm」の面取り、下側の角に「15mm / 5mm」の面取りを追加します。

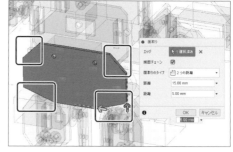

図2-153　面取りを追加

「spacer_1」のネジ穴にジョイントします。

顔パーツ「head_1」を新規コンポーネントで生成し、「front_plate_1」の上側に取り付けた「spacer_1」の後ろ側面でスケッチを開始します。

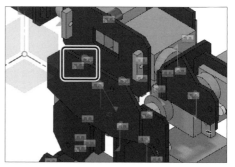

図2-154　front_plate_2をジョイント

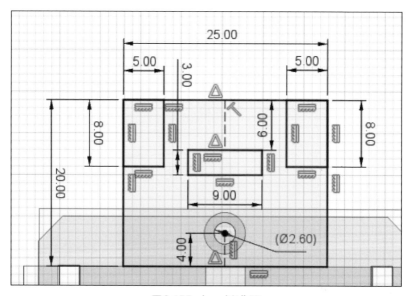

図2-155　headを作図

「1.6mm厚」で押し出し、上から「3mm」「2mm」「4mm」の面取り(計6か所)を追加します。

図2-156　面取りを追加

「spacer_1」のネジ穴にジョイントします。

図2-157　headをジョイント

「バッテリーボックス」を取り付けるためのスペーサー「spacer_2」を新規コンポーネントで生成します。

「内径2.6mm」「外径6mm」「高さ15mm」の円筒形で作り、2つにコピーして「main_board」の穴にジョイントします。

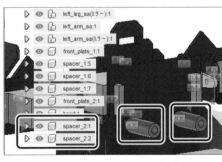

図2-158　spacer_2を作成

1
仕様検討

2
メカ設計

3
基板設計

4
組み立て

5
プログラミング

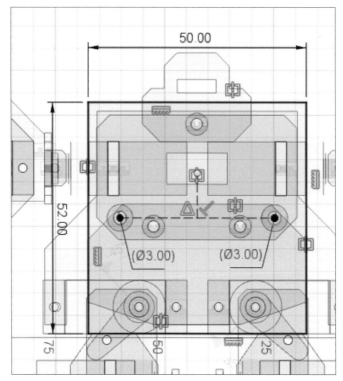

図2-159　bat_boxを作図

　新規コンポーネント「bat_box」を
生成し、「spacer_2」の端面でスケッ
チを開始します。

*

　「spacer_2」とのネジ止め用の穴2
か所をセンター位置に設け、「27mm
×52mm×13mm」の直方体を作り
ます。

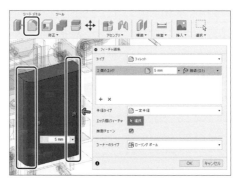

図2-160　フィレットを追加

　ロボット後方側の縦の稜線は「フィ
レット」を使って「5mmのR形状」を
追加します。

また、中空構造とするために「シェル」を利用します。

「フィーチャ編集」パネルで「接面チェーン」のチェックを外し、後ろ側の面と丸穴の側面を選択します。

厚みとして「1.5mm」を指定すると「殻形状」が出来上がります。

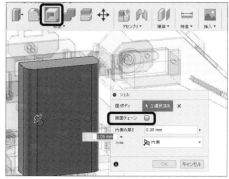

図2-161　シェル

外観を適当に指定してから、ネジ穴で「spacer_2」にジョイントします。
　　　　　　　　＊
以上で、「メカ系パーツのモデリング」は完成です。

最後に作ったパーツ類は「body_sa」に入れておきましょう。

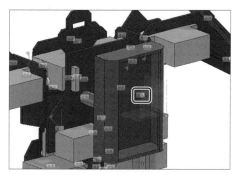

図2-162　bat_boxをジョイント

図2-163は、「Fusion360」のレンダリング機能を使いました。
画面左上の現在「デザイン」となっているボタンをクリックして「レンダリング」を選択します。
また、ジョイントを動かしてアニメーションさせる機能もあります。

図2-163　ロボットが完成

2-7　基板用外形データの作成

　必要なメカ部品のモデリングができたので、ここからは「回路基板」と一体で形成する「パーツアセンブリ」を作っていきます。

・既存部品以外のすべてのパーツを「複製」する。
・それらを「同一平面上」に貼り付け、なるべく全体の投影面積が小さくなるように四角形の内側に並べる。
・スケッチのプロジェクトを利用して「外形形状」を作図する。
・パーツ間をつなぐ「ランナー部分」を作図。
・基板設計時に利用できるように、「DXF ファイル」として保存。
という流れとなります。

■パーツを複製

　パーツを1つずつコピーして少し離れた場所に移動していきます。

　位置関係は適当でかまわないので、それぞれが重ならないようにします。

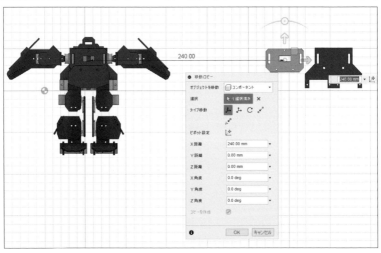

図2-164　パーツをコピーして移動

　移動後は、ツールバーの「修正」→「位置合わせ」でZ方向の位置を最初の「main_board:2」に合わせておきます。

図2-165　位置合わせ

　「始点」で動かすパーツの面を、「終点」で「main_board:2」の面を選択します。

　「arm_plate_5」のように、もともと斜めに取り付けてあったパーツは、面を合わせても平面内で回転してしまうので、さらに端面同士で位置合わせを行ないます。

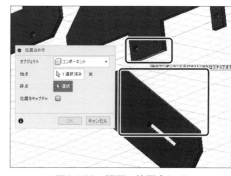

図2-166　端面で位置合わせ

　基板の試作料金は「面積」に比例して高くなるので、なるべく小さく収まるように工夫します。
　ただし、「パーツ間の隙間」は刃物が入るので「**最低2mm以上**」はとってください。

　また、基板面の仕上がりは表も裏も同じので、配置の都合で裏返しても大丈夫です。

　基板用のパーツは、まとめて「pcb_sa」としておきます。

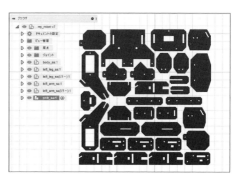

図2-167　すべてのパーツを並べた

■外形図を作成

パーツ表面でスケッチを開始し、「プロジェクト」で外形線を描いていきます。その際「投影リンク」のチェックは外しておきます。

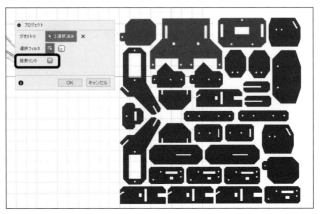

図2-168　パーツをプロジェクト

見やすくするために各パーツを非表示にし（ブラウザの目のマークをクリック）、パーツ間をつなぐ「ランナー部分」を作図していきます。

すべてのパーツがつながるように、境界の線分は「トリム」ツールでカットします。

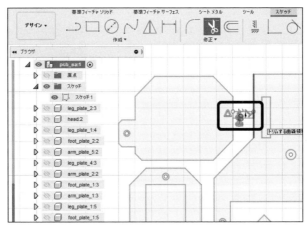

図2-169　ランナーを作図

パーツ1個当たりランナーが2〜4個程度になるように全体に配置します。

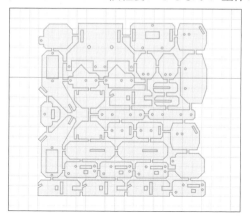

図2-170　外形図が完成

　出来たら、ブラウザで当該スケッチを右クリックして「DXF形式で保存」します。

　これを、後ほど基板のパターン設計をする際に使います。

※なお、基板発注の際に寸法を「100mm×100mm」以内に収めると料金が格安になる場合があるので、図のように小分けにしてもOKです。

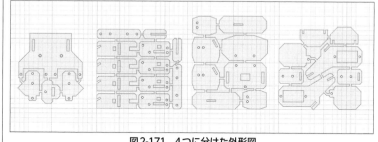

図2-171　4つに分けた外形図

1 仕様検討

2 メカ設計

3 基板設計

4 組み立て

5 プログラミング

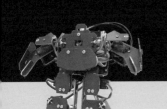

第**3**章

基板設計

フリーの基板設計ソフト「KiCad」を使って、ロボットの「制御基板」を設計します。メカの「フレームパーツ」と一体で設計し、基板製造メーカーに発注します。

3-1　KiCadの準備

■KiCadのダウンロード

「KiCad」の公式サイト「KiCad EDA」からダウンロードします。

https://kicad-pcb.org/

[1] KiCadサイト

「DOWNLOAD」をクリックします。

図3-1　KiCadサイト

[2] OS選択ページ

「Windows」をクリックします。

Macの場合は「MacOS」をクリックします。

図3-2　OS選択ページ

[3] ダウンロードページ

「Stable Release」から「64bit」か「32bit」のいずれかを選択して、クリックします。

ダウンロード元は、どれを選んでも同じです。

図3-3　ダウンロードページ

[4] インストーラを実行

ダウンロードした「インストーラファイル」を実行します。

図3-4　インストーラを実行

インストーラの画面で、「Next」を
クリックします。

図3-5 インストーラ画面(1)

「Next」をクリック。

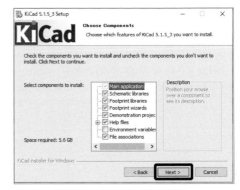

図3-6 インストーラ画面(2)

「Next」をクリックします。

図3-7 インストーラ画面(3)

「インストール」が実行されます。

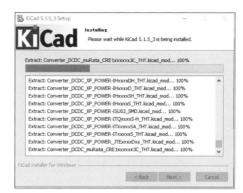

図3-8　インストーラ画面(4)

インストールが完了したら、「Finish」をクリックします。

図3-9　インストールが完了

■KiCadを実行

デスクトップのアイコンをダブルクリックして、「KiCad」を起動します。

ここで、プロジェクトを保存するためのフォルダを作っておきます。

図3-10　　KiCadの画面

ドキュメントの中に「KiCad Projects」という名前のフォルダを作り、その中に「my_robot」というフォルダを作ってください。

画面左上の「**新規プロジェクト**」ボタンをクリックして「プロジェクト」を作ります。

図3-11　　フォルダを作成

作ったフォルダの中に、「同じ名前」でプロジェクトを作ってください。

図3-12　　「新規プロジェクト」を作成

プロジェクトが作られました。

「my_robot.sch」が回路図で、「my_robot.kicad_pcb」が配線パターン図となります。

＊

設計の進め方としては、

(1)「回路図レイアウトエディタ」で回路図を作成

(2)「フットプリント」を関連付け

(3)「Fusion360」で作成した外形図をインポート

(4)「PCBレイアウトエディタ」で基板パターン図を作成

(5)「ガーバーデータ」を出力

(6)「製造メーカー」に発注

となります。

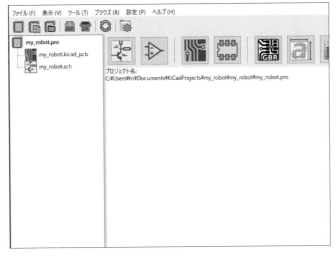

図3-13　プロジェクト画面

3-2 回路設計

「回路図レイアウトエディタ」を使って、回路図を作っていきます。
部品点数は多くありませんので、初めての方でも挑戦してみてください。

■回路図レイアウトエディタを起動

「my_robot.sch」をダブルクリック
するか、アイコンをクリックして、「回
路図レイアウトエディタ」を起動し
ます。

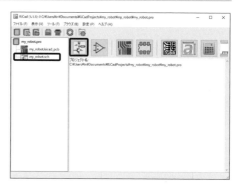

図3-14　回路図エディタを起動

図3-15のような画面で回路図レイ
アウト・エディタが立ち上がります。

まずは「マウスホイール」による画
面内の移動、拡大・縮小を確認して
ください。

図3-15　回路図エディタの画面

■部品の配置と配線

　「回路図の作成」は、「部品」を適当な場所に配置して、必要な端子同士を「配線」で接続する、というのが基本です。

　基本構想が決まっていれば、作業としてはそれほど大変ではありません。

＊

　最初に、メインの部品である「ESP32マイコン」から配置していきましょう。

---

[1] ESP32を配置

　部品を選択するために、右側の「シンボルを配置」ボタンをクリックしてからフィールド上のどこかをクリックします。

　このタイミングで、部品のライブラリが読み込まれます。

図3-16　ESP32を選択

　「シンボルを選択」パネルが表示されるので、「フィルター」と書かれたテキストボックスに「ESP」と入力します。

　いくつか部品の候補が出てきたら、その中から「ESP32-WROOM-32」を選んで「OK」をクリックします。

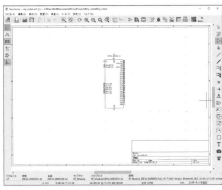

図3-17　ESP32を配置

　「ESP32-WROOM-32」の部品図がマウスカーソルについてくるので、配置したい場所でフィールドをクリックします。

　これで、「ESP32マイコン」が配置されました。

[2]電源を接続

続いて、マイコンに「電源」をつないでみます。

右側の「電源ポートを配置」ボタンをクリックして、「電源シンボルを選択」パネルのテキストボックスに「3.3」と入力します。

すると候補が現れるので、「+3.3V」を選択します。

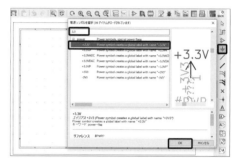

これを、マイコンの「2番端子」（VDD）の上あたりに配置します。

「+3.3V」と、マイコンの「VDD」を接続します。

図3-18　電源シンボルを選択

右側の「ワイヤーを配置」ボタンをクリックしてから、「+3.3V」シンボルの小さな丸印をクリックして、続けて「VDD端子」の丸印をクリックします。

これで、「VDD」が「+3.3V」とつながりました。

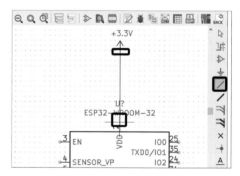

図3-19　3.3Vラインを配線

同様にして「GND」シンボルを配置し、マイコンの「GND端子」と接続します。

「GND」シンボルは、「電源シンボルを選択」パネルで「GND」と入力すると表示されます。

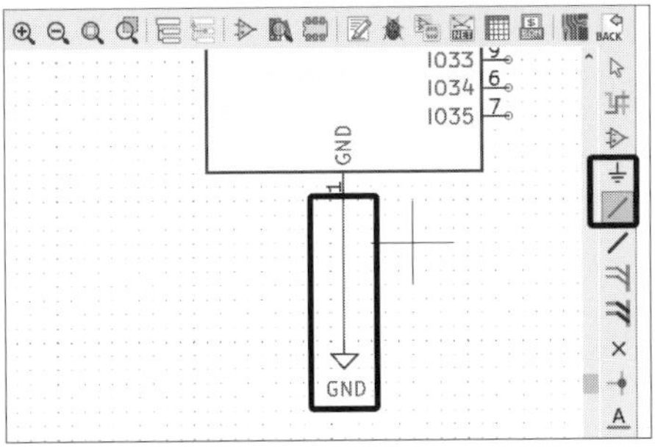

図3-20　GNDを接続

作業を中断する場合は、左上の「保存」ボタンを押します。

[3]「ブザー/LED」を接続

「ブザー」は、「+」と書かれた「1番端子」を、マイコンの「IO17端子」に直接つなぎます。「2番端子」は「GND」に接続します。

アイコンは、「シンボルを選択」パネルでテキストボックスに「buz」と入力して表示される「Buzzer」を使ってください。

「LED」は「電流制限用の抵抗」をはさんで、マイコンの「IO18」に接続します。

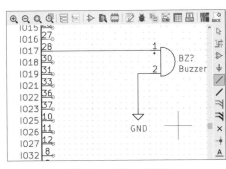

図3-21　ブザーを接続

「抵抗」のアイコンは、「シンボルを選択」パネルでテキストボックスに「R」と入力して表示される「R」を使います。

また、「LED」のアイコンには、同様に「LED」と入力して表示される「LED」を使います。

「LED」は、イニシャル状態では水平方向になっているので、キーボードから「R」を入力して、必要に応じて回転させてください。

さらに、GND を追加して**図3-23**のように配線してください。

なお部品の移動は、部品を選択してキーボードから「M」か、右クリックで「移動」です。

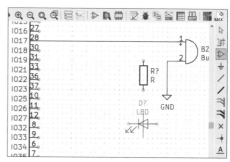

図3-22　R / LEDを配置

配置した抵抗の抵抗値を記入しておきます。

「R」を右クリックして「**定数を編集**」を選びます。

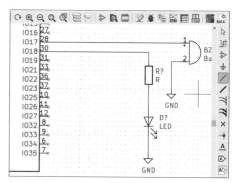

図3-23　LEDを配線

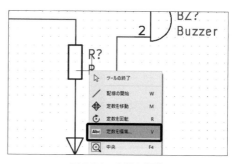

図3-24　定数を編集

テキストボックスに「100」と入力
して「OK」します。

図3-25　抵抗値を入力

抵抗値は「オームの法則」を利用して計算します。

電圧(V)＝　電流(A)　x　抵抗(Ω)

本LEDの回路の例で言えば、

抵抗にかかる電圧　Vr ＝
**　マイコン端子の出力電圧　3.3V　－　LEDにかかる電圧　2V**
LEDに流したい電流 I ＝ 0.01 A（10 mA）

とすると、

抵抗(Ω)　＝　Vr ／ I ＝ 130

となり、近い値で「100 Ω」とします。

LEDにかかる電圧は仕様で決まっていて、だいたい「2V」程度です。

[4]リモコン受光部

リモコン受光部を配置します。

ライブラリの中に国内で容易に入手可能なものがないので、代わりのシンボルを使います。

「シンボルを選択」のパネルで「Interface_Optical」左側の「＋」マークをクリックして、「TSDP341xx」を選択します。

1 仕様検討

2 メカ設計

3 基板設計

4 組み立て

5 プログラミング

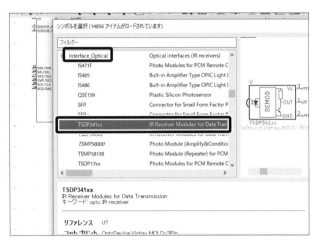

図3-26　リモコン受光部を選択

「TSDP341xx」を図3-25のように配線します。

「Vs」を「+3.3V」に、「GND」を「GND」に、「OUT」をマイコンの「IO5」に接続します。

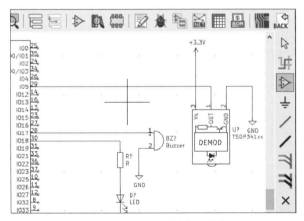

図3-27　リモコン受光部を配線

「+3.3V」と「OUT」の線がクロスしていますが、これは「接続していない状態」です。

　接続の場合は、交点に「●」が付きます。

[5] I2C用コネクタ

「I2C」(Inter-Integrated Circuit データをやり取りする通信規格)でセンサー等を利用する場合に備えて、「I2Cの端子」(SCL、SDA)と「電源」(3.3V / GND)をコネクタに引き出しておきます。

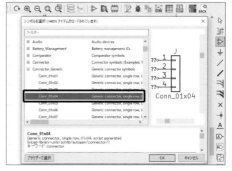

シンボルは「Connector Generic」の中の「Conn_01x04」を使います。

図3-28 コネクタシンボルを選択

「ESP32」の端子はデフォルトで「IO21 (SDA)」、「IO22 (SCL)」が使えます。

他の端子への割り当ても可能です。

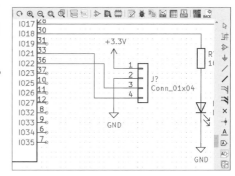

図3-29 I2C用コネクタを配線

[6]サーボ用コネクタ

サーボ用のコネクタを配線します。

「シンボルを選択」パネルで「Connector_Generic」下の「Conn_01x03」を選択します。

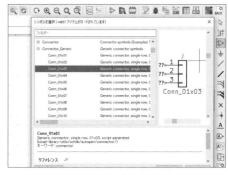

「1番端子」がマイコンから送られる「サーボの制御信号」で、「2番端子」が「サーボ用電源」(バッテリを直接続)、

図3-30 コネクタ選択

1 仕様検討
2 メカ設計
3 基板設計
4 組み立て
5 プログラミング

97

「3番端子」が「サーボ用グランド」です。

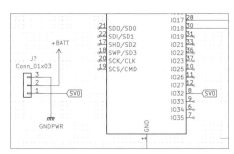

「サーボ用グランド」は、モータから発生するノイズがマイコン側へ混入するのを防ぐ目的で、回路のグランドとは別にしておきます。

パターン設計の時点で、最後に1か所で接続します。

図3-31　コネクタ関連回路

「サーボ用電源」は、「電源シンボルを 選 択」パ ネ ル で「＋ＢＡＴＴ」と「GNDPWR」を選択します。

また、「信号線」は、サーボが12個あることから配線が複雑になることを避けるため、ラベルを用いて接続します。

同じ名称のラベル同士は、配線がつながっていると見なされます。

「グローバルラベルを配置」ボタンをクリックして、「ラベル名称」を入力します。

配置する際にはほかのシンボルと同様に「R」キーで向きを変更することができます。

図3-32　グローバルラベル

残りのコネクタを表示するために、最初のものを「複製」します。

コネクタ上で右クリックして「**複製**」を選択、あるいは左クリックしてコネクタを選択した後、「C」キーです。

すべての2番端子が「+BATT」に、3番端子が「GNDPWR」に接続されるように配線してください。

信号線用の1番端子にはラベルを接続し、対応するマイコン側の端子に同じ
名前のラベルを接続してください。

各コネクタとマイコン端子との対
応は、表を参照してください。

パターンを配線する際に、都合の
良いように決めました。

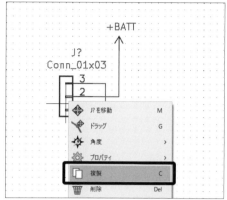

図3-33　シンボルを複製

表3-1　サーボ用ラベル

ラベル	ESP32端子
SV0	IO32
SV1	IO33
SV2	IO25
SV3	IO26
SV4	IO27
SV5	IO14
SV6	IO12
SV7	IO13
SV8	IO15
SV9	IO2
SV10	IO4
SV11	IO16

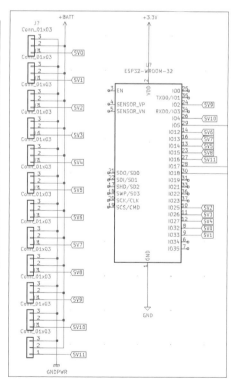

図3-34　サーボ関連回路

[7]電源回路

　今回の「電源回路」は、電池の電圧からマイコン用の「3.3V」を作り出す用途となります。

　「3端子レギュレータ」という部品を使いますが、これも回路図には代替品を使います。

　「シンボル選択」パネルで、「Regulator_Linear」の中から「LF33_TO252」を選びます。

　図3-36を参考にして電源の回路図を作ってください。

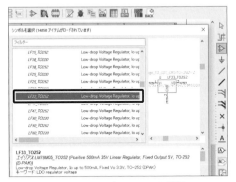

図3-35　レギュレータを選択

　コネクタには「乾電池」を接続します。
　「+」側がスイッチを介して「3端子レギュレータの入力側」(VI)に入ります。

　「コンデンサ」は、ノイズ低減のために入れています。

　「+5V」は、プログラム書き込み時につなぐ「USB-シリアル変換基板」から供給されます。
　この5V電源でサーボを駆動することはできませんが、「LED点灯」程度の確認は可能です。
　「スイッチ」は「2回路2接点」のものを使います。

＊

　また、「PWR_FLAG」というのは部品ではなく、電源が供給されているラインであることを示すものです。
　この後に実行する「回路チェック」で、エラーを出さないために入れています。

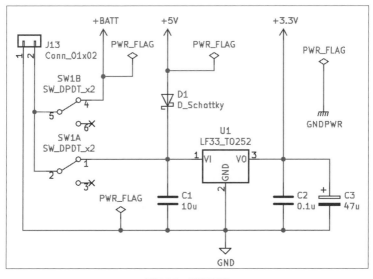

図3-36　電源回路

表 3-2　電源回路シンボル

部品	親グループ	シンボル	値
コネクタ	Connector_Generic	Conn_01x02	
スイッチ	Switch	SW_DPDT_x2	
ダイオード	Device	D_Schottky	
コンデンサ	Device	C	10u ／ 0.1u
電解コンデンサ	Device	CP	47u
	power	PWR_FLAG	

[8]書き込み関連の回路

　こちらは、ESP32マイコンにプログラムを書き込むときに必要となる回路です。

　図3-37～図3-39を参考に作ってください。

　図3-38の6ピンのコネクタには、書き込み時にパソコンにつないだ「USB-シリアル変換モジュール」を接続します。

1 仕様検討

2 メカ設計

3 基板設計

4 組み立て

5 プログラミング

図3-39の部品は「MOS-FET」と呼ばれるICです。

2つありますが、ひとつのパッケージです。

「シンボルを選択」パネルで「STS2DNE60」を選んで「ユニットA」と「ユニットB」を配置します。

実際に使うのは別の型番のICです。

さらに、「STS2DNE60」の「3番端子」とESP32マイコンの「IO0端子」を、ラベル「IO0」で接続してください。

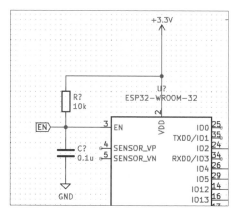

図3-37　書き込み用回路(1)

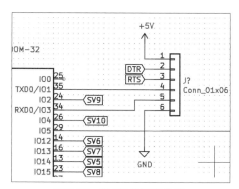

図3-38　書き込み用回路(2)

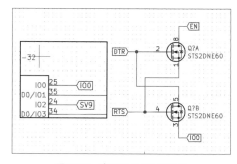

図3-39　書き込み用回路(3)

[9]アノテーション

以上で、配線の作業は終了です。

最後に、各部品に番号を振っておきます。

画面上部の「回路図シンボルをアノテーション」ボタンをクリックして、現われるパネルの「アノテーション」ボタンをクリックします。

部品の表示で「？」となっていたところに番号が振られます。

図3-40 アノテーション

[10]回路のチェック

画面上部のツールバーから、「エレクトリカルルールのチェックを実行」ボタンをクリックします。

図3-41 回路をチェック

「エレクトリカルルールチェック」パネルで、「実行」ボタンをクリックして「エラー」(バグ) が出なければOKです。

※ちなみに、テントウムシは英語で「ladybug」です。

図3-42 エレクトリカルルールチェックを実行

1 仕様検討

2 メカ設計

3 基板設計

4 組み立て

5 プログラミング

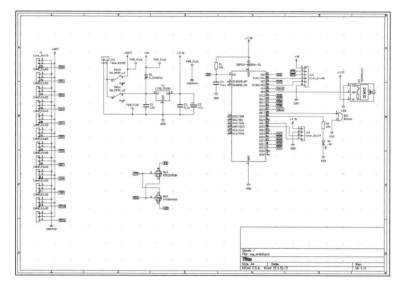

図3-43　回路図が完成

■フットプリントの関連付け

　回路図が完成したら、続いて「フットプリントの関連付け」を行ないます。

　「フットプリント」とは、プリント基板上で部品をハンダ付けする部分の形状のことです。

　同じ型番の部品でも、「大きさ」や「形」が違う場合があるので、実際に使う部品に合わせて設定する必要があります。

　本プロジェクトでは、メイン基板にサーボを取り付けたりする関係上、スペースの制約があります。

　比較的大きな「DIP部品」（部品の足を基板の穴に挿して実装するタイプ）を中心に選んだほうがハンダ付けは簡単になるのですが、一部「表面実装品」になっていることをご了承ください。

　ただし、端子の間隔(ピッチ)は「1.27mm」のものを使っているので、裸眼でもハンダ付けは可能だと思います。

[1] CvPcbを起動

　画面上部ツールバー内のアイコンをクリックして、「CvPcb」を起動します。

図3-44　CvPcbを起動

　左側のカラムが「フットプリントのライブラリ」で、その中身が右側のカラムに表示されます。

　中央の回路図上にある部品すべてに対して、フットプリントを設定します。

　ツールバーの左から2番目の「IC」のボタンで、実際のフットプリントを見ることができます。

図3-45　CvPcb画面

[2] フットプリントを設定

　表3-3を参考に「フットプリント」を設定してください。

　中央カラムで設定したい部品をハイライトしたうえで、右カラムのフットプリントをダブルクリックします。

　使おうとしている部品に対するフットプリントが存在しない場合には、自分でカスタムのフットプリントを作ることもできますが、今回は既存の他部品のフットプリントを流用します。

　たとえば「ブザー」に対しては、「コンデンサのフットプリント」を代わりに設定しています。

1 仕様検討

2 メカ設計

3 基板設計

4 組み立て

5 プログラミング

105

表 3-3

シンボル	ライブラリ	フットプリント
BZ1	Capacitor_THT	C_Radial_D10.0mm_H12.5mm_P5.00mm
C1,C2,C4	Capacitor_THT	C_Rect_L7.0mm_W2.0mm_P5.00mm
C3	Capacitor_THT	CP_Radial_D6.3mm_H5.0mm_P2.50mm
D1	Diode_SMD	D_2010_5025Metric
D2	LED_THT	LED_D3.0mm
J1〜12	Connector_PinHeader_2.54mm	PinHeader_1x03_P2.54mm_Vertical
J13	TerminalBlock	TerminalBlock_bornier-2_P5.08mm
J14	Connector_PinHeader_2.54mm	PinHeader_1x06_P2.54mm_Vertical
J15	Connector_PinHeader_2.54mm	PinHeader_1x04_P2.54mm_Vertical
Q1	Package_SO	SOIC-8_3.0x4.9mm_P1.27mm
R1〜2	Resistor_THT	R_Axial_DIN0204_L3.6mm_D1.6mm_P5.08mm_Horizontal
SW1	Button_Switch_THT	SW_Cuk_JS202011CQN_DPDT_Straight
U1	Package_TO_SOT_SMD	TO-252-2
U2	RF_Module	ESP32-WROOM-32
U3	Connector_PinHeader_2.54mm	PinHeader_1x03_P2.54mm_Vertical

3-3 パターン設計

「基板レイアウトエディタ」を使って、配線パターンを設計していきます。

「2層（表と裏）基板」として、電子部品類は基本的に片側に載せる形で設計します。

パターン配線は、ある意味パズルを解くような感覚で進められますので、お楽しみください。

■レイアウトエディタ「Pcbnew」を起動

回路図エディターの上部ツールバーから、「Pcbnew」のアイコンをクリックして、レイアウトエディタを起動します。

図3-46　Pcbnewを起動

レイアウト画面右側に縦に並んでいるツールを主に使ってパターン設計していきます。

右端の「レイヤーマネージャ」には、設計を便利にするためのレイヤーが表示されています。

上の2つが、基板の「表面」「裏面」の配線パターンです。

他に「基板外形レイヤー」「シルク印刷のレイヤー」などがあります。

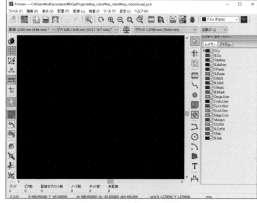

図3-47　Pcbnew画面

1 仕様検討

2 メカ設計

3 基板設計

4 組み立て

5 プログラミング

107

最初に、若干の設定をします。
左側で単位系が「in」ではなく「mm」になっていることを確認します。

その後、上部ツールバー左から2つ目のアイコンをクリックして、「配線幅」を設定します。

基板セットアップのパネルで「**配線とビア**」を選び、配線の幅をいくつか設定しておきます。

下の「＋」をクリックして、たとえば「0.2、0.3、0.45、0.6、0.9、1.2」と設定します。
配線パターンを描くときには、この中から選んで配線します。

図3-48　基板セットアップ

■外形図をインポート

Fusion360で作った「基板外形図」を、「外形レイヤー」にインポートします。

「ファイル」メニューから「インポート」→「グラフィックスをインポート」として、保存したDXFファイルを指定します。

その際、グラフィックレイヤーとして、「Edge.Cuts」を選択してください。

図3-49　外形のインポート

場所はどこでも構わないので、ク
リックして「外形データ」を配置して
ください。

実際に部品を配置して配線を行な
うのは、「メインボード」の領域です。

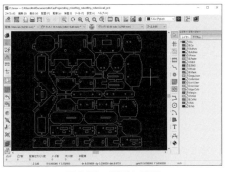
図3-50　外形を配置

■回路図から基板を更新

上部ツールバーの「回路図から基
板を更新」ボタンをクリックすると
「回路図から基板を更新」パネルが開
くので、「基板を更新」ボタンをクリッ
クします。

すべての部品のフットプリントが
現れるので、「メインボード」の外形
付近に貼り付けます。

端子間を結んでいる「白線」は、配
線すべきラインを示しています。

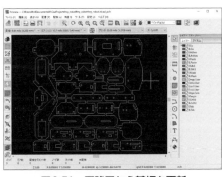
図3-51　回路図から基板を更新

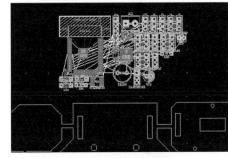
図3-52　部品を配置

■部品の配置

各部品をメインボード上に並べていきます。

「部品を載せている面」(こちら側)がロボットの「背中側」になります。

特に今回の場合、左右にある縦長長方形の穴に挟まれたエリアは、裏側にサーボの側面がきます。

そのため、ここにリード(部品の足)が貫通する部品を置かないように、注意してください。

「LED」がESP32マイコンの裏に配置されていますが、スペースの関係上やむを得ずこうなりました。

リードを貫通させずに裏側にハンダ付けすることにします。

*

また、「ESP32マイコン」のアンテナ部分(端子がない上のところ)は基板の外へ出すようにしてください。

配線しながら位置の微調整はしていきますが、この段階で大物部品のだいたいの位置は決定しておきます。

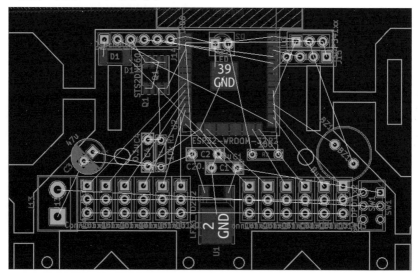

図3-53 部品を配置

■配線

右側ツールバーの「**配線**」ボタンを
クリックして、配線のモードに入り
ます。

配線する「レイヤー」(表面 / 裏面)
の切り替えは、レイヤーマネージャ
の「**F.Cu**」あるいは「**B.Cu**」をクリッ
クします。

配線幅は、フィールド上のどこか
で右クリックして、「**配線 / ビア幅
を選択**」から使う配線幅を選択しま
す。

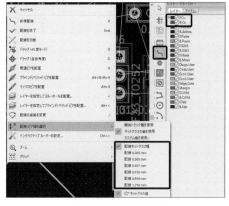

図3-54　配線幅の選択

[1]電源の配線

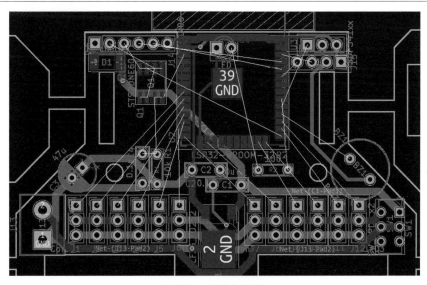

図3-55　電源系の配線
（濃い配線：表面　薄い配線：裏面）

まず、電源系の配線をやってみます。

1 仕様検討

2 メカ設計

3 基板設計

4 組み立て

5 プログラミング

「GND」「GNDPWR」「BATT」「3.3V」「5V」を配線していきます。
使える中で「なるべく太い線」を使います。

配線途中で、表面から裏面へ（あるいはその逆）切り替えたいときには、潜り
込ませたい場所で「V」キーを押します。

[2]その他の配線

同様にして、図3-54を参考にその他の部分の配線を進めていきます。
必ずしもこのとおりである必要はありません。

なるべく表面で線同士が重ならないように考えて配線し、必要に応じて「部品
の配置」を変更したり、「マイコンの端子の割り当て」を変更したりします。

最後に、どうしようもないところは「裏面」をくぐらせます。
この程度の回路でしたら、2層で配線できないことはありません。

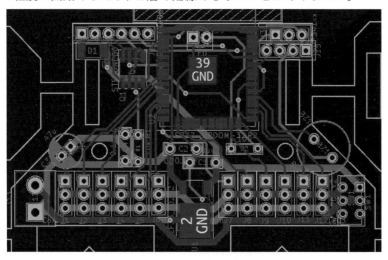

図3-56　その他の配線

[3]塗りつぶし

　続いて、配線した基板上の余った領域を、GNDの「ベタパターン」で塗りつぶします。

　これは、「ノイズ」を低減するのが目的です。

＊

　右側のツールバーから「塗りつぶしゾーンを追加」ボタンをクリックして、基板全体を囲む矩形の角をどこかクリックします。

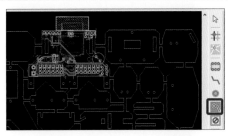

図3-57　塗りつぶしゾーンを追加

　「導体ゾーンのプロパティ」パネルが現われるので、レイヤーで「F.Cu」をチェック、ネットで「GND」を選択して「OK」をクリックします。

　基板周りの四隅をクリックして囲むと、全体が「GNDパターン」で塗りつぶされます。

図3-58　導体ゾーンのプロパティ

　裏面についても同様にして、こちらは「GNDPWR」で塗りつぶします。

　メインボード以外のメカパーツに関しては、結局はランナー部で切り離してしまうので銅箔は必要ありませんが、地の色よりも鮮やかになるので、こちらも含めて塗りつぶしています。

＊

　また、メカ設計の最後で「基板外形図」を作った際に、小さな形状で4つに分けたケースでメインボードを含まないときは、<no net>のままOKしてください。

1 仕様検討
2 メカ設計
3 基板設計
4 組み立て
5 プログラミング

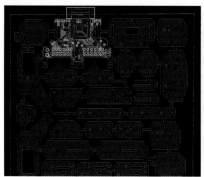
図3-59　表面塗りつぶし

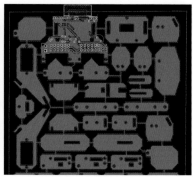
図3-60　裏面塗りつぶし

[4] GND / GNDPWR接続

「GND」と「GNDPWR」を接続するために回路図エディタに戻り、これらを配線でつないで保存します。

再び、「パターンエディタ」（Pcbnew）で「回路図から基板を更新」ボタンをクリックします。

＊

「回路図から基板を更新」パネルで「基板を更新」ボタンをクリック、元GNDPWRだったランドとGNDを、どこかで接続します。

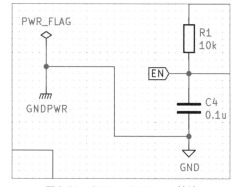
図3-61　GND / GNDPWR接続

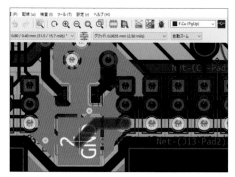
図3-62　パターンを接続

■シルク印刷

　基板表(裏)面には、「文字」を印刷することができます。

　すでに自動で部品番号等が書かれていますが、ランドと重なっていたり、基板の外に出てしまっているので、位置を調整します。

　移動は、これまでと同様に「クリックして「M」キー」で、レイヤーは「F.SilkS」です。

　また、「T」ボタンで独自の文字を入れることも可能です。コネクタの挿し込みガイドなどを印刷しておくと便利です。

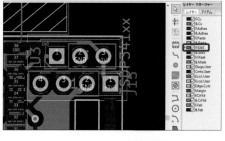

図3-63　シルク印刷を調整

3-4　　　　　　　　基板発注

　設計した基板を製造メーカーに発注します。
　ここでは「Elecrow」という会社を例に説明します。

■製造データを出力

　頑張って設計したプリント基板ですが、「KiCad」のファイルをそのままメーカーに渡しても製造してもらえません。

　「ガーバーデータ」という形に変換する必要があります。

図3-64　プロットボタン

　画面上部のツールバーから「プロット (HGPL, PostScript, GERBER フォーマット)」ボタンをクリックします。

1 仕様検討

2 メカ設計

3 基板設計

4 組み立て

5 プログラミング

115

図3-65　製造ファイル出力

「製造ファイル出力」パネルで、**図3-65**のように設定。

　出力ディレクトリは、現在作業中のディレクトリの中にさらに「my_robot」というディレクトリを作って指定して、「製造ファイル出力」ボタンをクリックします。

　さらに、「ドリルファイルを生成..」ボタンをクリックします。
　図3-66のように設定して「ドリルファイルを生成」ボタンをクリックします。

＊

　「ドリルファイル」の拡張子を「drl」から「txt」に変更し、またすべての生成されたファイルのファイル名を「my_robot」に変更します。

＊

　最後に、8つのファイルが入った「my_robot」フォルダを右クリックでZIPファイルに圧縮します。
　これを「Elecrow社」に送信します。

> ※なお、「ガーバーデータ」は「KiCad」のホーム画面から「ガーバービューアー」を起動して確認できます。

図3-66　ドリルファイルを生成

■発注

「Elecrow社」のサイトにアクセスして、画面上部の「**Create Account**」をクリックし、アカウントを作ってください。

https://www.elecrow.com/

サインインした後、「**SERVICES**」をクリックして、画面中ほどにある「**Regular Custum PCB (On-line Ordering)**」をクリックします。

図3-67　Elecrowサイト(1)

図3-68　Elecrowサイト(2)

「オンラインオーダー」のページで、「**Add Your Gerber**」ボタンをクリックして、作った「ZIPファイル」をアップロードします。

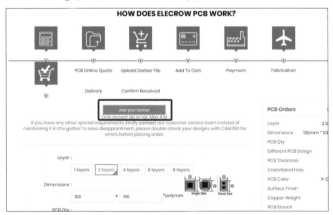

図3-69　発注画面

仕様入力で関係するのは、「寸法」(Dimensions)、「個数」(PCB Qty)、「色」(PCB Color)です。

「寸法」によって価格が変わります。

現時点(2020年4月)では、「100mm x 100mm」以下であれば格段に安くなっ

ています。

　個数は、**最低5個から**です。

　「**基板の厚み**」(PCB Thickness)は「1.6」となっていることを確認してください。
値段を確認して、よければ「**Add To Cart**」ボタンで発注します。

　通常、1週間から10日ほどで届きます。

図3-70　仕様入力

第4章

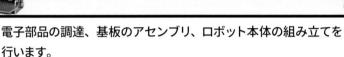

ロボットを組み立てる

電子部品の調達、基板のアセンブリ、ロボット本体の組み立てを
行います。

4-1 組み立て

　発注した「基板」が届くまでの間に、使う「電子部品」や「締結用部品」などを入
手します。

　「メインボード」に部品をハンダ付けした後、Arduinoのシステムを使って、
小さなプログラムを書き込み、「動作確認」を行ないます。

　その後、メカを組み立てます。

■部品入手

必要な電子部品、メカ部品を調達します。

●電子部品

　基板に実装する電子部品は、基本的に「秋月電子」で購入できるものを選びま
した。

　表を参照して購入してください。

表 4-1　基板に実装する部品

部　　品	個数	販売店	品　　番
マイコン	1	秋月電子	ESP32-WROOM-32
リモコン受光部	1	秋月電子	OSRB38C9AA
3端子レギュレータ	1	秋月電子	NJM2391DL1-33
MOSFET	1	秋月電子	NDS9936

部　品	個数	販売店	品　番
スイッチ	1	秋月電子	SS-12D00-G5
ブザー	1	秋月電子	UGCM0903EPD(5.0)
コンデンサ10uF	1	秋月電子	RDEC71E106K2K1C03B
コンデンサ0.1uF	2	秋月電子	RDER72E104K2K1H03B
コンデンサ47uF	1	秋月電子	25MH747MEFC6.3X7
抵抗10kΩ	1	秋月電子	RD16S 10K
抵抗100Ω	1	秋月電子	CF16J100RB
ダイオード	1	秋月電子	SS2040FL
LED	1	秋月電子	OSG8HA3Z74A
ターミナルブロック	1	秋月電子	TB111-2-2-U-1-1
ピンヘッダ	1	秋月電子	PH-1x40SG
L型ピン・ソケット	1	秋月電子	FH-1x6RG

表 4-2　その他の部品

部　品	個数	販売店	品　番
USBシリアル変換	1	秋月電子	AE-UM232R
ピン・ソケット	1	秋月電子	FH105-1x8SG/RH
ジャンパー・ワイヤ	1	秋月電子	DG01032-0024-BK-015
赤外線リモコン	1	秋月電子	OE13KIR
電池ボックス	1	マルツ	GB-BH-4X4-LW

　「USBシリアル変換モジュール」「ピン・ソケット」「ジャンパー・ワイヤ」は、プログラムの書き込みに使います。
　自分で工夫する方はこの限りではありません。

　「赤外線リモコン」は、ロボットをコントロールする際に使います。
　リモコンがなくても、とりあえずロボットを動かすことはできます。

　電池ボックスは「単4 x 4」です。
　ネジ穴の位置に注意してください。
　秋月電子の電池ボックスを使う場合には、「穴あけ加工」が必要です。

1 仕様検討
2 メカ設計
3 基板設計
4 組み立て
5 プログラミング

●機構部品など

「SG-90」はホビー用途でよく使われる「RCサーボ」です。

「9g マイクロサーボ」という範疇のものなので、ネットで探せば同形状で安いタイプのものが見つかると思います。

ネジの「M」は直径を表わします。

電池ボックス用の樹脂スペーサーを止めるネジは、頭が「皿」形状のものを使ってください。

表 4-3　機構部品

部　品	個数	販売店	品　番
サーボ	12	秋月電子他	SG-90他
M2.6 x 6mm タッピングネジ	10	東急ハンズ	
M2 x 8mm タッピングネジ	2	東急ハンズ	
M2 x 6mm 小ネジ	20	東急ハンズ	
M2 ナット	8	東急ハンズ	
M2.6 x 4mm 小ネジ	22	東急ハンズ	
M2.6 x 8mm 皿ネジ	4	東急ハンズ	
M2.6 x 15mm 樹脂スペーサー	2	千石電商	AS-2615
M2.6 x 5mm 樹脂スペーサー	11	千石電商	AS-2006

■基板の組み立て

　発注していた基板が届いたら、部品を実装していきます。

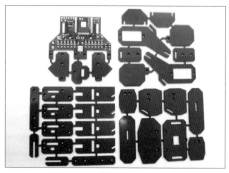

図4-1　基板が届いた！

ニッパーを使って、「メインボード」を他のパーツから切り離してください。

残ったランナーの凸部はヤスリでなるべくきれいに落とすようにしてください。

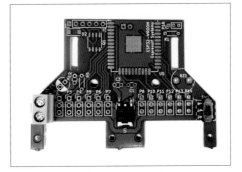

図4-2 電源部品を装着

ハンダ付けは、通常は背の低い部品から付けていくのですが、ここでは電源の主要部品を先に取り付けます。

「ターミナル・ブロック」「3端子レギュレータ」「スイッチ」をハンダ付けします。

「テスター」や「電池」をつないで、「オシロスコープ」を持っている方は「3.3V」が出力されていることを確認してください。

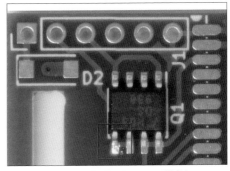

図4-3 MOSFETのハンダ付け

[注意]
電源系で設計ミスなどがあった場合には、すべての部品を取り付けてからでは、最悪マイコンを壊してしまいます。

続いて「MOSFET」「ESP32マイコン」です。

表面実装部品をハンダ付けする際には、あらかじめ「フラックス」を塗布しておくとハンダが流れやすくなります。

また、いきなりすべての端子をハンダ付けするのではなく、まず角の1か所のみのランドにハンダをのせ

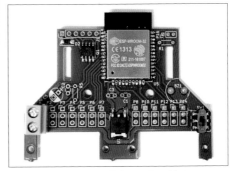

図4-4 表面実装品の取り付け

1 仕様検討
2 メカ設計
3 基板設計
4 組み立て
5 プログラミング

て、部品を横から滑らせるようにすると、うまくいきやすいです。

　この段階で部品が斜めになっていないことを確認してから、残りの端子をハンダ付けします。

*

「ESP32マイコン」は、特に取り付けが曲がらないようにご注意ください。角の1か所が先です。

　また、「GND端子」はパターン面積が広くて、熱が伝わりにくいので、端子にきちんとハンダが乗るようにしてください。

*

　ダイオードには「向き」があります。パッケージにカソード側の「棒」が印刷されています。

図4-5　部品面

　「ブザー」(圧電スピーカー)は、「＋」と刻印されているほうをマイコン側にして取り付けます。

　「LED」は、裏面にリードを「2cm」ほど残して取り付けます。

　「LED」にも向きがあり、「足の長いほうがプラス側」です。

　「リモコン受光部」は裏面に、「受光部」が上を向くように取り付けてください。

図4-6　裏面

■「プログラム開発環境」の準備

ロボットを組み上げる前に、「基板の動作確認」を行ないます。

本プロジェクトではソフトウェアの開発に「Arduino」(アルデュイーノ)という環境を使いますので、まずこれをインストールします。

[1] 「Arduino IDE」をインストール

「IDE」とは、「Integrated Development Environment」(統合開発環境)のことです。

「Arduino」のサイトからダウンロードしてインストールします。
[ダウンロードサイト]

> https://arduino.cc/en/Main/Software

にアクセスし、「Windows Installer, for Windows XP and up」をクリックします。

Macの場合は、「Mac OS X」です。

「ドネーションする場合」は右側のボタン、「しない場合」は左側の「JUST DOWNLOAD」をクリックします。

図4-7 ダウンロードサイト

ダウンロードしたファイル (arduino-1.8.10-windows.exe / arduino-1.8.10-macosx.zip) を実行して、インストールを開始します。

図4-8 ダウンロード

「I Agree」→「Next」→「Install」
と進み、この画面でインストール完
了です。

図4-9　インストール画面

図4-10　インストール完了

[2] ESP32用「Board Manager」のインストール

「Arduino IDE」でESP32マイコンを使えるようにします。

　「Arduino IDE」を起動して、メニューの「ファイル」→「環境設定」を選択し、「追加のボードマネージャのURL」に、

https://dl.espressif.com/dl/package_esp32_index.json

を記入して「OK」します。

　さらに、「ツール」→「ボード」→「ボードマネージャ」から「esp32 by Espressif Systems」を選択して「インストール」をクリックします。

　「ボードマネージャ」を閉じて、「ツール」→「ボード」→「ESP32 Dev Module」
を選択します。

[3]書き込み用モジュール

ESP32マイコンへのプログラムの書き込みには、「USB-シリアル変換モジュール」を用います。

図4-11は秋月電子で販売されているものです。

書き込む際には**図4-12**のように6本の線で接続します。
表4-4を参照してください。

図4-11　USB-シリアル変換器

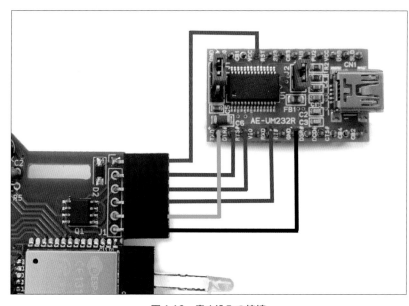

図4-12　書き込みの接続

図4-13は「ブレッドボード用」のワイヤを使った書き込み装置の例です。

1 仕様検討
2 メカ設計
3 基板設計
4 組み立て
5 プログラミング

127

表 4-4　書き込みの接続

メインボード側	モジュール側
5V	VCC
DTR	DTR
RTS	RTS
TXD	RXD
RXD	TXD
GND	GND

図4-13　書き込み装置

■基板動作の確認

Arduino IDE を起動して、「ファイル」→「スケッチ例」→「Basics」→「Blink」を選択します。

プログラム中の「LED_BUILTIN」（3か所）を「18」に変更します。

「18」は LED が接続されている、「ESP32」の端子番号（IO18）です。

図4-14　スケッチ例

＊

「Arduino IDE」上部ツールバーのチェックボタンをクリックして、プログラムに誤りがないことを確認します。

その後、「パソコン」と「USB-シリアル変換モジュール」をUSBケーブルでつなぎ、さらに「メイン・ボード」のソケットに接続します。

向きを間違えないように注意してください。

＊

「ツール」ボタンから、「ボード」が「ESP32 Dev Module」となっていることを確認、「ポート」からモジュールが接続されている「シリアル・ポート」を選択します。

「ツール・バー」の左から2番目の「書き込み」ボタン（右向き矢印）をクリックして、ボードにプログラムを書き込みます。

「ボードへの書き込みが完了しました。」と出たのち、LEDが1秒おきに点滅すれば、成功です。

リスト4-1　LED点滅プログラム

```
void setup() {
  pinMode(18, OUTPUT);
}

void loop() {
  digitalWrite(18, HIGH);
  delay(1000);
  digitalWrite(18, LOW);
  delay(1000);
}
```

●プログラムの説明

「Arduino」のプログラムは大きく二つの部分に分かれていて、

```
void setup() {  }
```

はマイコンのピンの割り当てなどを書くところで、最初に1回だけ実行されます。

```
void loop() {  }
```

はマイコンにやらせる仕事を書くところで、上から順番に実行され下まで行ったらまた上に戻り、を永久に(電源が切られるまで)繰り返します。

＊

```
pinMode(18, OUTPUT);
```

「18番端子」(IO18)を「出力」(基本的にHIGH (3.3V)とLOW (0V)の電圧を出す)に設定しています。

```
digitalWrite(18, HIGH);
```

18番端子に「HIGH」を出力し「LED」を光らせます。

```
delay(1000);
```

何もしないで「1000msec」(1秒)待ちます。

1 仕様検討
2 メカ設計
3 基板設計
4 組み立て
5 プログラミング

```
digitalWrite(18, LOW);
```

「18番端子」にLOWを出力しLEDを消します。

```
delay(1000);
```

何もしないで1000msec (1秒)待ちます。

この後また、

```
digitalWrite(18, HIGH);
```

に戻ります。

●練習問題

LEDを0.5秒ごとに点滅させてください。

> ※新しいプログラムは、現在のプログラムの実行中でも、右矢印ボタンで「上書き」できます。

リスト4-2　LED点滅プログラム(2)

```
void setup() {
  pinMode(18, OUTPUT);
}

void loop() {
  digitalWrite(18, HIGH);
  delay(500);
  digitalWrite(18, LOW);
  delay(500);
}
```

*

ここでいったんプログラムを保存しておきます。

「ファイル」→「名前を付けて保存」で「mr01」などとして保存します。

■サーボを動かす

サーボを動かしてみましょう。

＊

サーボの出力軸（白いギザギザのところ）は通常「0°〜180°」の範囲で回転しますが、その位置はサーボの容器に対して絶対的に決まっています。

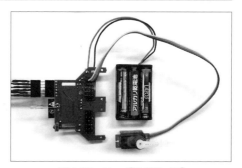

図4-15　サーボをドライブ

そのため、出力軸の回転位置を気にせずに適当にロボットを組み立ててしまうと、出力に取り付けられた部品が思い通りに動いてくれません。

まずは「サーボの出力軸」を「90°」の位置に停止させるプログラムを作ります。

＊

図4-15を参考に配線してください。

サーボは「電池」から電源を供給する回路になっているので、今回は「電池」をつなぎます。

サーボの「コネクタ」は、逆向きに挿しても動きませんが、壊れることはありません。

中央のピンが「プラス電源」となっているためです。

一方、電池のワイヤは逆に取り付けると、マイコンが壊れるので、間違えないでください。

電源スイッチは、「OFF側」にしておきます。

※サーボを取り扱う際の注意
サーボは非常に精密なギアで構成されています。
　出力軸を回そうとして（「バックドライブ」と言います。）引っ掛かりがある場合に無理に回そうとするとギアを破損します。

ハードウェアの準備ができたら、プログラムを作っていきます。

＊

「ESP32」でサーボを駆動するには「ledcWrite」というPWMを出力する関数を使います。

「sv0」の端子にサーボの信号を出力します。

リスト4-3　サーボ駆動プログラム

```
#define SV_FREQ 50
#define MIN_SV_PULSE 0.6
#define MAX_SV_PULSE 2.4

uint8_t sv0 = 32;

void setup() {
  // put your setup code here, to run once:
  ledcSetup(0, SV_FREQ, 16);
  ledcAttachPin(sv0, 0);
}

void loop() {
  // put your main code here, to run repeatedly:
  ledcWrite(0, get_pulse_width(90));
}

int get_pulse_width(int angle) {
  float pulseMs = MIN_SV_PULSE +
    (MAX_SV_PULSE - MIN_SV_PULSE) * angle / 180;
  return (int)(65536 * (pulseMs * SV_FREQ /1000.0));
}
```

矢印ボタンでプログラムを書き込みます。

「ボードへの書き込みが完了しました。」と出たら、基板の電源スイッチを「ON」にします。

サーボが動いて90°の位置（センター位置）で停止します。（新品のサーボを用いた場合はもともと90°の位置になっていて動かない場合があります。）

●プログラムの説明

```
#define SV_FREQ 50
#define MIN_SV_PULSE 0.6
#define MAX_SV_PULSE 2.4
```

　通常のサーボ（アナログサーボ）では、10〜20ミリ秒ごとに数ミリ秒幅のパルス信号を受けて制御されます。

　目標角度はパルスの幅で決まります。

　オリジナルArduinoの場合は、角度を指定するだけでサーボを使えます。

　ところが、「ESP32」ではサーボ専用の関数がないため、自分でパルス幅を計算する必要があります。

　「SV_FREQ」はパルスの周波数です。

　50Hzなので、周期は「20ミリ秒」です。

　「MIN_SV_PULSE」「MAX_SV_PULSE」は、サーボ角度「0°」「180°」のときのパルス幅（ミリ秒）です。

```
uint8_t sv0 = 32;

ledcSetup(0, SV_FREQ, 16);
ledcAttachPin(sv0, 0);
```

　ここではサーボを使うための設定をしています。

　「ledcSetup(0, SV_FREQ, 16);」は、「PWMチャネル0」に対して、「周波数SV_FREQ」「フルレンジ16ビット」と設定しています。

　チャネルは「0」から「15」まで設定できます。

　「フルレンジ16ビット」なので20ミリ秒を「2の16乗」（＝65536）分割した精度でパルス幅を指定できます。

　「ledcAttachPin(sv0, 0);」は「sv0」、すなわちIO32端子に「チャネル0のPWM出力」を設定しています。

　ちなみに「ledc」という名前は、この関数がもともと「LEDの明るさ」をPWMでコントロールするためのものであることに由来します。

　PWMは、指定した時間幅の「HIGH / LOW」信号をマイコンから繰り返し出力する機能です。

```
ledcWrite(0, get_pulse_width(90));
```

　ここで「チャネル0」のサーボに90°の角度を設定しています。

　「get_pulse_width()」はパルス幅を計算するための自作の関数です。

　最小値と最大値を用いて所定の角度のときのパルス幅を比例計算しています。

●練習問題

サーボを「往復運動」させてください。

リスト4-4　サーボ往復プログラム(一部)

```
void loop() {
  // put your main code here, to run repeatedly:
  ledcWrite(0, get_pulse_width(70));
  delay(500);
  ledcWrite(0, get_pulse_width(110));
  delay(500);
}
```

■デバッグの方法

　サーボとは直接関係ありませんが、プログラムが思い通りに動かない時などに、原因を調べる方法のひとつを紹介しておきます。

　先のプログラムに少し追加します。

リスト4-5　デバッグ

```
#define SV_FREQ 50
#define MIN_SV_PULSE 0.6
#define MAX_SV_PULSE 2.4

uint8_t sv0 = 32;
```

```
void setup() {
  // put your setup code here, to run once:
  ledcSetup(0, SV_FREQ, 16);
  ledcAttachPin(sv0, 0);
  Serial.begin(9600);
}

void loop() {
  // put your main code here, to run repeatedly:
  ledcWrite(0, get_pulse_width(70));
  Serial.print("angle=70¥n");
  delay(500);
  ledcWrite(0, get_pulse_width(110));
  Serial.print("angle=110¥n");
  delay(500);
}

int get_pulse_width(int angle) {
  // 省略
}
```

　このプログラムをメインボードに転送して実行し、Arduino IDEの「ツール」
→「シリアルモニタ」からシリアルモニタを起動します。

　「Serial.print( )」に書いた内容が500ミリ秒ごとに出てくると思います。(出
てこない場合は画面下で9600bpsを選択)
　このように、実行中のプログラムの状況を調べることができます。

　以上で、基板の動作確認は一応できたということにして、次からメカの組み
立てを行います。

1 仕様検討

2 メカ設計

3 基板設計

4 組み立て

5 プログラミング

■ロボットを組み立てる

ロボットを組み立てていきます。
ケガをしないように、ゆっくり進めていきましょう。

---

[1]フット部の組み立て

「左足」から組み立てます。

サーボはセンター位置（90°）に合わせた状態で「サーボホーン」（サーボに付属の白いアーム部品）を、**図4-16**のようにおおよそ45°の位置に取り付けます。

> ※はめてから45°回すのではありません。

購入した「M2 x 6mm」のネジで「軸側」を、サーボに付属の長いほうのネジで「アーム先端側」をねじ止めします。

長いほうのねじは固いので、あらかじめサーボホーン単品の状態でネジを切っておいたほうがいいと思います。

樹脂スペーサーを留めるのは「M2.6 x 4mm」のなベネジ、側面のプレートは「M2.6 x 6mm」のタッピングスクリューです。

両サイドのネジは、強く締めすぎて「バカネジ」にならないよう、注意してください。

もし、つま先のプレートの取り付けが緩い場合は、すべて組みあがった段階で接着してください。

図4-16　左フット部

図4-17　左フット組み立て

「右脚側」も同様に組み立ててください。

[2]股関節部の組み立て

図4-18 左股関節部

図4-19 左股関節組み立て

「フット部」と同様に、サーボホーンは45°の位置に取り付けます。

サーボホーンを取り付けるネジは、「M2 x 6mm」と「サーボに付属のネジ」、樹脂スペーサーを取り付けるネジは、「M2.6 x 4mm」です。

まず、「左脚側」から組み立てます。

「右脚側」も同様に組み立ててください。

[3]脚部の組み立て

サーボホーンは、サーボを「センター位置」に調整した状態で、図4-24のような角度に取り付けます。

ネジは、「M2 x 6mm」「サーボに付属のネジ」を使います。

まず、「左脚側」から組み立てます。

図4-20 左脚部

図4-21 左脚部組み立て

「右脚側」も同様に組み立ててください。

[4]脚のアセンブリを組み立て

「左脚」のアセンブリを組み立てます。

「フット部」と「股関節部」を、それぞれ脚部のサーボに「M2.6 x 6mm」のタッピングネジを使って締結します。

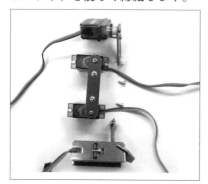
図4-22　左脚側

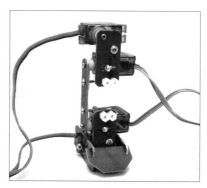
図4-23　左脚アセンブリ

「右脚側」も同様に組み立ててください。

[5]腕のロール軸の組み立て

まず、「左腕」を組み立てます。

サーボを腕パーツの穴に裏から通して、両側をネジとナットで締結します。

サーボホーンは、図4-24のように45°の位置に取り付けます。

図4-24　左腕部

図4-25　左腕アセンブリ

「右腕」も、同様に組み立ててください。

[6]肩の組み立て

肩のピッチ軸部分の組み立てです。

サーボホーンは図4-26のように45°です。

これは、「サーボの可動範囲」が、最大でも180°なので、中立状態で腕を前に少し出しておかないと、腕を上にあげることができなくなるためです。

プレート同士の取り付けは「2mm」のタッピングネジを使用します。
（サーボに付属のネジが使えます。）

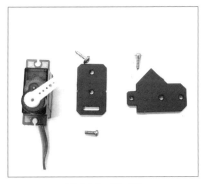

図4-26　左肩部

図4-27　左肩アセンブリ

「右肩」も同様に組み立ててください。

1 仕様検討

2 メカ設計

3 基板設計

4 組み立て

5 プログラミング

139

[7] 腕のアセンブリ

腕先が「下」を向いている状態が標準姿勢です。

「左腕」から組み立てます。

図4-28　左腕

図4-29　左腕アセンブリ

「右腕」も同様に組み立ててください。

[8] メインボードに「スペーサー」を取り付け

「M2.6」の皿ネジで15mm長の「スペーサー」を、メインボード中央部の穴に取り付けます。

図4-30　スペーサーを付ける(1)

図4-31　スペーサーを付ける(2)

[9]メインボードに「両腕」「両脚」を取り付け

メインボード基板に「両腕」「両脚」を取り付けます。
基板の部品面がロボットの背中側になります。

「両脚」はネジとナットを使用して基板に共締めします。
「両腕」はサーボのリブを基板の穴に通して、裏から「M2.6」のタッピングネジ
で締結します。

図4-32　表面

図4-33　裏面

[10]ワイヤの整理

表4-5を参照してサーボワイヤを基板のコネクタに接続し、余った部分をう
まくボディに収めます。
「SV0」はロボット前面に向かって「右側」です。

脚のワイヤは、裏側から回して、2本の「スペーサー」を利用して長さを調節
します。
足が自由に動くようにワイヤは余裕をもって弛ませておきます。

腕のワイヤは、前面のスペース(サーボコネクタの上あたり)に収納します。

1 仕様検討
2 メカ設計
3 基板設計
4 組み立て
5 プログラミング

図4-34 裏面ワイヤ処理

図4-35 裏面ワイヤ処理

表 4-5 ロボットの関節とサーボ

SV0	IO32	LHR	Left Hip Roll	左股関節ロール軸
SV1	IO33	LHP	Left Hip Pitch	左股関節ピッチ軸
SV2	IO25	LAP	Left Ankle Pitch	左足首ピッチ軸
SV3	IO26	LAR	Left Ankle Roll	左足首ロール軸
SV4	IO27	LSP	Left Shoulder Pitch	左肩ピッチ軸
SV5	IO14	LSR	Left Shoulder Roll	左肩ロール軸
SV6	IO12	RSR	Right Shoulder Roll	右肩ロール軸
SV7	IO13	RSP	Right Shoulder Pitch	右肩ピッチ軸
SV8	IO15	RAR	Right Ankle Roll	右足首ロール軸
SV9	IO2	RAP	Right Ankle Pitch	右足首ピッチ軸
SV10	IO4	RHP	Right Hip Pitch	右股関節ピッチ軸
SV11	IO16	RHR	Right Hip Roll	右股関節ロール軸

[11]「電池ボックス」の取り付け

「M2.6」の皿ネジを使って、「電池ボックス」を取り付けます。

図4-36　電池ボックス取り付け

[12]その他の部品を取り付け

残りの部品を取り付けて完成です。

ボディの「フロントプレート」は、肩関節サーボのリブを穴に入れて「M2.6」のタッピングネジで締結します。

挿し込みのパーツの篏合が緩い場合は、「接着剤」を使用してください。
「LED」はリードを曲げて顔パーツの穴からのぞかせてください。

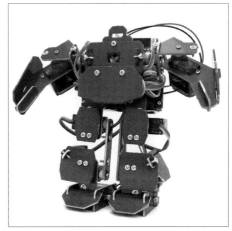

図4-37　その他のパーツ取り付け

1 仕様検討
2 メカ設計
3 基板設計
4 組み立て
5 プログラミング

143

第**5**章
ロボットプログラミング

いよいよ、ロボットのプログラムの開発に入ります。
「アクションデータ」を作って、赤外線リモコンで操縦します。

5-1　サーボの角度調整

　ロボットを望みどおりに動かすためには、各関節が全体の中できちんと指定した角度になってくれる必要があります。

　このための調整を、「ロボットの基準姿勢」を使って行ないます。

　本ロボットの基準姿勢は、「直立の姿勢」です。

＊

　サーボの出力軸をセンター角度（90°）にしたとき、サーボホーンは必ずしもサーボ容器に対して90°や0°の位置にはなりません。

　また、取り付け角度を変えて調整しても一度にローレットの歯1つぶん回ってしまうので、微妙な調整には使えません。

　そこで、ソフト上での調整を行ないます。

■サーボ調整プログラム

　第4章で作ったプログラムを元にして、サーボの「角度調整」をするためのプログラムを作ります。

```
ledcWrite(i, get_pulse_width(90  + offset[i]));
```

サーボへの制御信号を発生している行で、設定角度に補正角度「offset[i]」を足しています。

　ここで、「i」は、「サーボ番号」（チャネル番号）です。

```
i = 0;
```

の行で、「i」の値を変更してプログラムを書き込みます。

　各サーボに対する必要な補正量を見つけて、「offset[ ]」の配列を完成させてください。

＊

　サーボの「回転方向」は**図5-1**を参照してください。矢印の方向がプラスの回転方向です。

　この段階では、おおよその補正でOKです。

＊

　この後、すべてのサーボを駆動してロボットを立たせ、微調整をします。

　これは、いきなり全体で動かしてしまうと、サーボが大きくズレていたときにロボットが無理な姿勢になってサーボに過負荷がかかってしまうのを防ぐためでもあります。

　ファイル名は「mr5-1」としてください。

リスト5-1　サーボ補正プログラム

```
#define SV_FREQ 50   // サーボ信号周波数
#define MIN_SV_PULSE 0.6   // 最小パルス幅  0°
#define MAX_SV_PULSE 2.4   // 最大パルス幅 180°

uint8_t i;
// 端子設定
uint8_t svPin[12];
// サーボ関連
int16_t offset[] = {0, 0, 0, 0, 0, 0, 0, 0, 0, 0, 0, 0};

void setup() {
  // put your setup code here, to run once:
  // サーボ用端子設定
  svPin[0] = 32;
  svPin[1] = 33;
  svPin[2] = 25;
  svPin[3] = 26;
  svPin[4] = 27;
  svPin[5] = 14;
  svPin[6] = 12;
  svPin[7] = 13;
  svPin[8] = 15;
```

```
  svPin[9] = 2;
  svPin[10] = 4;
  svPin[11] = 16;
  // サーボ信号出力設定
  i = 0;
  ledcSetup(i, SV_FREQ, 16);
  ledcAttachPin(svPin[i], i);
}

void loop() {
  // put your main code here, to run repeatedly:
  // サーボ信号出力
  ledcWrite(i, get_pulse_width(90 + offset[i]));
}

// パルス幅計算
int get_pulse_width(int angle) {
  float pulseMs = MIN_SV_PULSE +
    (MAX_SV_PULSE - MIN_SV_PULSE) * angle / 180;
  return (int)(65536 * (pulseMs * SV_FREQ /1000.0));
}
```

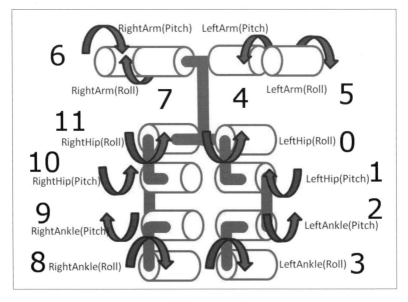

図 5-1　各関節サーボの回転方向

■複数サーボの駆動プログラム

　補正量が決まったら12個のサーボを同時に駆動して「直立姿勢」(「イニシャル姿勢」と呼ぶことにします)をとらせてみます。

　ファイル名は「mr5-2」としてください。

リスト5-2　複数サーボの駆動プログラム

```
#define SV_FREQ 50   // サーボ信号周波数
#define MIN_SV_PULSE 0.6   // 最小パルス幅　0°
#define MAX_SV_PULSE 2.4   // 最大パルス幅 180°

uint8_t i;
// 端子設定
uint8_t svPin[12];
// サーボ関連
int16_t offset[] = {0,12,-4,-4, 0, 0, 0, 0, 4,-8, 4,0};   //例

void setup() {
  // put your setup code here, to run once:
  // サーボ用端子設定
```

1 仕様検討

2 メカ設計

3 基板設計

4 組み立て

5 プログラミング

147

```
  // サーボ信号出力設定
  //i = 0;
  for(i = 0; i < 12; i++) {
    ledcSetup(i, SV_FREQ, 16);
    ledcAttachPin(svPin[i], i);
  }
}

void loop() {
  // put your main code here, to run repeatedly:
  // サーボ信号出力
  for(i = 0; i < 12; i++) {
    ledcWrite(i, get_pulse_width(90 + offset[i]));
  }
}

// パルス幅計算
int get_pulse_width(int angle) {
// 省略：リスト5-1と同じ
}
```

変更したのは、

```
  for(i = 0; i < 12; i++) {
    ledcSetup(i, SV_FREQ, 16);
    ledcAttachPin(svPin[i], i);
  }
```

と、

```
  for(i = 0; i < 12; i++) {
    ledcWrite(i, get_pulse_width(90 + offset[i]));
  }
```

のところで、「i」を固定値で実行していたものを「0」から「11」まで順番に実行するようにしています。

　ロボットがそこそこまっすぐ立つように「offset[ ]」の値を微調整してください。

　サーボの出力軸もバラツキがありますし、完璧というわけにはいきません。後は、歩かせてみて判断します。

5-2

5-2 ロボット動作プログラム

■ロボット動作プログラム

続いて、ロボットを動かします。
簡単な動作から徐々に進めていきます。

*

まずは、1つの関節だけを往復運動させますが、現在「90」と固定で書いている設定角度を変更できるように、「配列データ」として与えることにします。

```
int16_t action[][12] = {
    { 90, 90, 90, 90, 90,120, 90, 90, 90, 90, 90, 90},
    { 90, 90, 90, 90, 90, 60, 90, 90, 90, 90, 90, 90}
 };
```

「offset[ ]」と同様に行(横)方向が「各関節」で、列(縦)方向が「時間軸」です。
フレームと呼びます。

「sv[5]」(左肩ロール軸)を「120」と「60」との間で往復させます。
ファイル名は、「mr5-3」としてください。

リスト5-3　関節往復駆動プログラム

```
#define SV_FREQ 50   // サーボ信号周波数
#define MIN_SV_PULSE 0.6   // 最小パルス幅　0°
#define MAX_SV_PULSE 2.4   // 最大パルス幅 180°

uint8_t i,j;
// 端子設定
uint8_t svPin[12];
// 動作関連
int16_t offset[] = {0,12,-4,-4, 0, 0, 0, 0, 4,-8, 4,0};   //例
int16_t action[][12] = {
  { 90, 90, 90, 90, 90,120, 90, 90, 90, 90, 90, 90},
  { 90, 90, 90, 90, 90, 60, 90, 90, 90, 90, 90, 90}
    };

void setup() {
  // put your setup code here, to run once:
  //
```

```
  // 省略：リスト5-2と同じ
  //
  j=0;
}

void loop() {
  // put your main code here, to run repeatedly:
  // サーボ信号出力
  for(i = 0; i < 12; i++) {
      ledcWrite(i, get_pulse_width(action[j][i] + offset[i]));
  }
  delay(1000);
  j++;
  if(j > 1)j = 0;
}

// パルス幅計算
int get_pulse_width(int angle) {
  //
  // 省略：リスト5-1と同じ
  //
}
```

「j」はフレームをカウントするための変数です。

「1000ミリ秒」ごとにフレームを更新しています。

＊

プログラムを書き込んで、実行してみてください。

1秒ごとに左腕が往復動作するはずですが、動きがカクカクして滑らかではありません。

フレームの間隔を1秒と設定したものの、サーボは指定された角度に最高速で到達しようとして、「動いて停止、また動いて停止」…というアクションになってしまいます。

これを改善するためにプログラムを改造してみます。

「delay()」の時間を小さくして、フレーム間の角度を「比例計算」で細かく指定してあげます。

ファイル名は、「mr5-4」としてください。

リスト5-4　滑らかな動き

```
#define SV_FREQ 50   // サーボ信号周波数
#define MIN_SV_PULSE 0.6   // 最小パルス幅  0°
#define MAX_SV_PULSE 2.4   // 最大パルス幅 180°

uint8_t i;
// 端子設定
uint8_t svPin[12];
// 動作関連
  int16_t tempAngles[12] =
  {90, 90, 90, 90, 90, 90, 90, 90, 90, 90, 90, 90};
int16_t offset[] = {0,12,-4,-4, 0, 0, 0, 0, 4,-8, 4,0};   //例
int16_t action[][12] = {
  { 90, 90, 90, 90, 90,120, 90, 90, 90, 90, 90, 90},
  { 90, 90, 90, 90, 90, 60, 90, 90, 90, 90, 90, 90}
  };
uint8_t divide = 30;
uint8_t divCounter;
uint8_t keyFrame;
uint8_t nextKeyFrame;

void setup() {
  // put your setup code here, to run once:
  // 省略：リスト5-2と同じ
}

void loop() {
  // put your main code here, to run repeatedly:
  // フレーム処理
  divCounter++;
  if(divCounter >= divide) {
    divCounter = 0;
    keyFrame = nextKeyFrame;
    nextKeyFrame++;
    if(nextKeyFrame > 1) nextKeyFrame = 0;
  }
  // サーボ角度計算
  for(int i = 0; i < 12; i++) {
    tempAngles[i] = action[keyFrame][i] +
            int8_t((action[nextKeyFrame][i] - action[keyFrame][i])
            * divCounter / divide);
  }
  // サーボ信号出力
```

```
  for(i = 0; i < 12; i++) {
    ledcWrite(i, get_pulse_width(tempAngles[i] + offset[i]));
  }
  delay(30);
}

// パルス幅計算
int get_pulse_width(int angle) {
  //
  // 省略：リスト5-1と同じ
  //
}
```

リスト5-3で、「j」が行なっていたフレームの制御を、

```
uint8_t divide = 30;
uint8_t divCounter;
uint8_t keyFrame;
uint8_t nextKeyFrame;
```

を使って、行ないます。

＊

「divide」はフレーム間の分割数で、今回「delay(30)」としたので、「片道約1秒」となるように「30」としました。

「divCounter」は「divide」を数えるための変数です。
「keyFrame」と「nextKeyFrame」は「action[ ][12]」の1行目と2行目を交互に指し示してフレーム間の角度比例計算に使います。

実際に計算を行なっているのは、

```
    tempAngles[i] = action[keyFrame][i] +
            int8_t((action[nextKeyFrame][i] - action[keyFrame][i])
            * divCounter / divide);
```

の部分です。
「tempAngles[i]」に計算結果を入れています。

＊

プログラムを書き込んで、アームが等速で動くことを確認してください。

●練習問題

リスト5-4を変更して、独自の動作を作ってください。

動かすのは腕だけでOKです。

【例】

```
int16_t action[][12] = {
    { 90, 90, 90, 90, 10,120, 60,170, 90, 90, 90, 90},
    { 90, 90, 90, 90, 10, 60,120,170, 90, 90, 90, 90}
  };
```

■左右の体重移動

歩行動作を作る準備として、左右の体重移動を行ないます。

これは、足首のロール軸の動きだけで実現できます。

リストは、変更箇所のみ掲載しています。

ファイル名は、「mr5-5」としてください。

リスト5-5　左右体重移動

```
int16_t action[][12] = {
    { 90, 90, 90, 90, 90, 90, 90, 90, 90, 90, 90, 90}, //イニシャル
    { 90, 90, 90, 80, 90, 90, 90, 90, 80, 90, 90, 90}, //左体重
    { 90, 90, 90, 80, 90, 90, 90, 90, 80, 90, 90, 90}, //動かず
    { 90, 90, 90, 90, 90, 90, 90, 90, 90, 90, 90, 90}, //イニシャル
    { 90, 90, 90,100, 90, 90, 90, 90,100, 90, 90, 90}, //右体重
    { 90, 90, 90,100, 90, 90, 90, 90,100, 90, 90, 90}  //動かず
  };
uint8_t divide = 10;

void loop() {
  // put your main code here, to run repeatedly:
  // フレーム処理
  divCounter++;
  if(divCounter >= divide) {
    divCounter = 0;
    keyFrame = nextKeyFrame;
    nextKeyFrame++;
```

1 仕様検討

2 メカ設計

3 基板設計

4 組み立て

5 プログラミング

```
    if(nextKeyFrame > 5) nextKeyFrame = 0;
  }
  // サーボ角度計算
  for(int i = 0; i < 12; i++) {
    tempAngles[i] = action[keyFrame][i] +
              int8_t((action[nextKeyFrame][i] - action[keyFrame][i])
                * divCounter / divide);
  }
  // サーボ信号出力
  for(i = 0; i < 12; i++) {
    ledcWrite(i, get_pulse_width(tempAngles[i] + offset[i]));
  }
  delay(30);
}
```

「片方の足に体重を載せている (支持脚) 間に、反対側の足を移動させる (遊脚)」
というのが、「2足歩行」の基本です。

＊

　左右の体重移動をする場合、本来であれば股関節のロール軸も同時に回転さ
せて、脚全体で平行四辺形を作るようにするのが普通です。

　しかし、本機の場合は「ひざ関節」がないので、体全体で「遊脚」を浮かせる動
きをさせています。

　このため、「股関節ロール軸」は90°で固定しています。

＊

　動作配列の2行目と5行目 (0行から始まる) は、前の行と同じ値となってい
ます。

　これは、体重移動した状態で少し止めるためです。

「divide」の値は動作をちょうどよく速めるために10に変更。
また、「loop()」の中の、

```
    if(nextKeyFrame > 5) nextKeyFrame = 0;
```

では、動作配列が6行に増えたため、0行目に戻るためのフレーム値を、「5よ
り大きいとき」に変更しています。

■簡易歩行動作

体重移動の動作を少し変更して、前に歩かせてみます。

左と右に体重が乗って停止しているタイミングで、遊脚側を前に踏み出します。

＊

ファイル名は「mr5-6」としてください。

リスト5-6　簡易歩行動作

```
int16_t action[][12] = {
   { 90, 90, 90, 90, 90, 90, 90, 90, 90, 90, 90, 90}, //イニシャル
   { 90, 90, 90, 80, 90, 90, 90, 90, 80, 90, 90, 90}, //左体重
   { 90, 90, 90, 80, 90, 90, 90, 90, 80, 70, 70, 90}, //ステップ
   { 90, 90, 90, 90, 90, 90, 90, 90, 90, 90, 90, 90}, //イニシャル
   { 90, 90, 90,100, 90, 90, 90, 90,100, 90, 90, 90}, //右体重
   { 90,110,110,100, 90, 90, 90, 90,100, 90, 90, 90}  //ステップ
  };
```

＊

いかがでしょうか。

比較的簡単なプログラムですが、ロボットを2足歩行させることができました。

前後左右の方向に動きの癖がある場合には、イニシャル姿勢での補正値（特に足首）を変えてみてください。

●練習問題

歩行に合わせて、「腕を振る動き」を加えてください。

[例]

```
int16_t action[][12] = {
   { 90, 90, 90, 90,110, 90, 70,110, 90, 90, 90, 90}, //イニシャル
   { 90, 90, 90, 80, 90, 90, 90, 90, 80, 90, 90, 90}, //左体重
   { 90, 90, 90, 80, 70, 90, 90, 70, 80, 70, 70, 90}, //ステップ
   { 90, 90, 90, 90, 70,110, 90, 70, 90, 90, 90, 90}, //イニシャル
   { 90, 90, 90,100, 90, 90, 90, 90,100, 90, 90, 90}, //右体重
   { 90,110,110,100,110, 90, 90,110,100, 90, 90, 90}  //ステップ
  };
```

■歩行の改善

リスト5-6の「歩行」は、結果的に歩かせることには成功しましたが、簡易的なものでした。

　歩行途中にイニシャル姿勢が挟まっていることも不自然で改善の余地があります。

　ここでは、筆者が作った歩行アルゴリズムを示しておきます。
　基本的には**リスト5-6**でのイニシャル姿勢を、「両脚を前後に開いて直立している姿勢」(左右で2パターン)としています。(**リスト5-7**)

　図5-2はフレームごとの脚の動きを示したものですので、参考にしてください。
なお、「関節角度」は実際よりも2倍程度に拡大しています。

　また現状フレーム間の経過時間が「devide x 30ミリ秒」で固定となっているので、これをそれぞれのフレームに固有の値に設定できるように変更しています。

　動作配列のフレーム行の最後尾に「devide数」の列を追加しています。
　設定した値は、「両脚着地での体重移動はゆっくり」「片脚での遊脚移動は素早く」、という動きになるように決めました。
＊
　ファイル名は、「mr5-7」としてください。

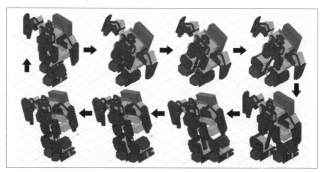

図5-2　歩行の形態

リスト5-7　歩行の改善

```
int16_t action[][13] = {
  {90,100,100, 90,110, 90, 70,110, 90,100,100, 90, 8},
  {90, 90, 90, 80, 90, 90, 90, 90, 80,100,100, 90, 8}, //左重心
  {90, 90, 90, 80, 70, 90, 90, 70, 90, 90, 90, 90, 4},
  {90, 90, 90, 80, 70, 90, 90, 70, 90, 80, 80, 90, 4}, //右足前
```

```
  {90, 80, 80, 90, 70,110, 90, 70, 90, 80, 80, 90, 8},
  {90, 80, 80,100, 90, 90, 90, 90,100, 90, 90, 90, 8}, //右重心
  {90, 90, 90, 90,110, 90, 90,110,100, 90, 90, 90, 4},
  {90,100,100, 90,110, 90, 90,110,100, 90, 90, 90, 4}  //左足前
    };
//uint8_t divide = 10;
~~~~~~~~~~~~~~~~~~~~~~~~~~~~~~~~~~~~~~~~~~~~~~~~~~~~~
void loop() {
  // put your main code here, to run repeatedly:
  // フレーム処理
  divCounter++;
  if(divCounter >= action[nextKeyFrame][12]) {
    divCounter = 0;
    keyFrame = nextKeyFrame;
    nextKeyFrame++;
    if(nextKeyFrame > 7) nextKeyFrame = 0;
  }
  // サーボ角度計算
  for(int i=0; i<12; i++) {
    tempAngles[i] = action[keyFrame][i] +
              int8_t((action[nextKeyFrame][i] - action[keyFrame][i])
              * divCounter / action[nextKeyFrame][12]);
  }
  // サーボ信号出力
  for(i = 0; i < 12; i++) {
    ledcWrite(i, get_pulse_width(tempAngles[i] + offset[i]));
  }
  delay(30);
}
```

● **練習問題**

　下記の動作配列データを使って、「後退歩行」「左右旋回」「左右横歩き」を確認してください。

リスト5-8　後退歩行動作

```
int16_t bwrdAction[][13] = {
  {90,100,100-4, 90,110, 90, 70,110, 90,100+4,100, 90, 8},
  {90,100,100-4, 90,110, 90, 90,110,100, 90+4, 90, 90, 8},//左足前
  {90, 90, 90-4, 90,110, 90, 90,110,100, 90+4, 90, 90, 4},
  {90, 80, 80-4,100, 90, 90, 90, 90,100, 90+4, 90, 90, 4}, //右重心
  {90, 80, 80-4, 90, 70,110, 90, 70, 90, 80+4, 80, 90, 8},
  {90, 90, 90-4, 80, 70, 90, 90, 70, 90, 80+4, 80, 90, 8}, //右足前
  {90, 90, 90-4, 80, 70, 90, 90, 70, 90, 90+4, 90, 90, 4},
```

```
  {90, 90, 90-4, 80, 90, 90, 90, 90, 80,100+4,100, 90, 4} //左重心
  };
```

「**後退歩行**」は、前進歩行の配列を時系列で逆向きに並べ直しています。

　さらに前後方向の重心バランスを補正するため、足首ピッチ軸のデータを一律変更しています。

　この辺は、自身のロボット機体に合わせて調整してください。

リスト5-9　左旋回歩行動作

```
int16_t ltrnAction[][13] = {
  {90,100,100, 90,110, 90, 70,110, 90,100,100, 90, 8},
  {90, 90, 90, 80, 90, 90, 90, 80, 80,100,100, 90, 8}, //左重心
  {90, 90, 90, 80, 70, 90, 90, 70, 90, 90, 90, 90, 4},
  {90, 90, 90, 80, 70, 90, 90, 70, 90, 80, 80, 90, 4}, //右足前
  {90, 80, 80, 90, 70,110, 90, 70, 90, 80, 80, 90, 8},
  {90, 80, 80, 90, 90, 90, 90, 90, 90, 90, 90, 90, 8}, //中重心
  {90, 90, 90, 90,110, 90, 90,110, 90, 90, 90, 90, 4},
  {90,100,100, 90,110, 90, 90,110, 90, 90, 90, 90, 4}  //左足前
  };
```

リスト5-10　右旋回歩行動作

```
int16_t rtrnAction[][13] = {
  {90,100,100, 90,110, 90, 70,110, 90,100,100, 90, 8},
  {90, 90, 90, 90, 90, 90, 90, 80, 90,100,100, 90, 8}, //中重心
  {90, 90, 90, 90, 70, 90, 90, 70, 90, 90, 90, 90, 4},
  {90, 90, 90, 90, 70, 90, 90, 70, 90, 80, 80, 90, 4}, //右足前
  {90, 80, 80, 90, 70,110, 90, 70, 90, 80, 80, 90, 8},
  {90, 80, 80, 90, 90, 90, 90, 90,100, 90, 90, 90, 8}, //右重心
  {90, 90, 90, 90,110, 90, 90,110,100, 90, 90, 90, 4},
  {90,100,100, 90,110, 90, 90,110,100, 90, 90, 90, 4}  //左足前
  };
```

「**左右旋回**」は基本的には前進歩行と同じです。

　どちらか一方(左旋回時は左脚が遊脚のとき、右旋回時は右脚が遊脚のとき)で体重移動をやめて、両脚を地面と擦るようにしています。

*

脚の機構にヨー軸関節をもたない2足歩行ロボットの場合、左右に旋回するために、このような動きをさせることが多いです。

リスト5-11　左横歩行動作

```
int16_t leftAction[][13] = {
  { 90, 90, 90, 90, 90, 90, 90, 90, 90, 90, 90, 90, 8},
  { 90, 90, 90,100, 90, 90, 90, 90,100, 90, 90, 90, 8}, //右重心
  {100, 90, 90,100, 90, 90, 90, 90,100, 90, 90, 90, 8},
  { 90, 90, 90, 80, 90, 90, 90, 90, 80, 90, 90, 80, 8}, //左重心
  { 90, 90, 90, 80, 90, 90, 90, 90, 80, 90, 90, 90, 8},
  { 90, 90, 90, 90, 90, 90, 90, 90, 90, 90, 90, 90, 8}
  };
```

リスト5-12　右横歩行動作

```
int16_t rghtAction[][13] = {
  { 90, 90, 90, 90, 90, 90, 90, 90, 90, 90, 90, 90, 8},
  { 90, 90, 80, 90, 90, 90, 90, 80, 90, 90, 90, 90, 8}, //左重心
  { 90, 90, 80, 90, 90, 90, 90, 80, 90, 90, 80, 8},
  {100, 90, 90,100, 90, 90, 90, 90,100, 90, 90, 90, 8}, //右重心
  { 90, 90, 90,100, 90, 90, 90, 90,100, 90, 90, 90, 8},
  { 90, 90, 90, 90, 90, 90, 90, 90, 90, 90, 90, 90, 8}
};
```

「横歩き」は人間のやり方とほぼ同じです。

片側に体重を移して遊脚を横方向にステップした後反対側に体重移動します。

横歩きはフレーム数が少ないので、「loop( )」内の、

```
  if(nextKeyFrame > 5) nextKeyFrame = 0;
```

の数値を変更してください。

5-3　サウンド出力

「圧電ブザー」からビープ音を再生してみます。

■サウンド出力

通常のArduinoでは、「tone( )」という関数を使って簡単にビープ音を発声できます。

しかし、ESP32の場合は「tone( )関数」が用意されていないので、サーボのときと同じように「PWM信号」を発生させてブザーを駆動します。

ファイル名は「mr5-13」としてください。

リスト5-13　サウンド出力

```
// 端子設定
uint8_t audPin = 17;

void setup() {
  // put your setup code here, to run once:
  // サウンド出力
  ledcSetup(12, 500, 8);
  ledcAttachPin(audPin, 12);
  ledcWriteNote(12, NOTE_C, 4);
}

void loop() {
  // put your main code here, to run repeatedly:
}
```

「チャネル12」をサウンド用に割り当てています。

「ledcWriteNote( )」という関数を使うことができます。
「NOTE_C」は「ド」の音で、4はオクターブを設定します。
あまり低い音や高い音はドライブできません。

●練習問題

「ドレミ」の音階を出力してください。

リスト5-14　音階出力

```
// 端子設定
uint8_t audPin = 17;

void setup() {
  // put your setup code here, to run once:
  // サウンド出力設定
  ledcSetup(12, 500, 8);
```

```
  ledcAttachPin(audPin, 12);
}

void loop() {
  // put your main code here, to run repeatedly:
  // サウンド出力
  ledcWriteNote(12,NOTE_C,4);
  delay(500);
  ledcWriteNote(12,NOTE_D,4);
  delay(500);
  ledcWriteNote(12,NOTE_E,4);
  delay(500);
  ledcWriteNote(12,NOTE_F,4);
  delay(500);
  ledcWriteNote(12,NOTE_G,4);
  delay(500);
  ledcWriteNote(12,NOTE_A,4);
  delay(500);
  ledcWriteNote(12,NOTE_B,4);
  delay(500);
  ledcWriteNote(12,NOTE_C,5);
  delay(500);
  ledcDetachPin(audPin);
}
```

　最終行の「ledcDetachPin(aud)」は、端子への割り当てを解除してサウンド
を停止しています。

■歩行に同期したサウンド

　歩行動作に合わせてサウンドを鳴らす(足音効果音)ようにしてみます。

　「動作配列データ」に、「サウンド用」の列を追加します。
　「mr5-15」としてください。

リスト5-15　歩行効果音

```
#define SV_FREQ 50   // サーボ信号周波数
#define MIN_SV_PULSE 0.6   // 最小パルス幅　0°
#define MAX_SV_PULSE 2.4   // 最大パルス幅 180°

// 端子設定
uint8_t svPin[12];
```

```
uint8_t audPin = 17;

uint8_t i;

// 動作関連
int16_t tempAngles[12] = {90, 90, 90, 90, 90, 90, 90, 90, 90, 90, 90,
90};
int16_t offset[] = { 20, 12, -8, -4, 0, 0, 0, 0, 4,-12, 4, 0};
int16_t action[8][14] = {
//LHR LHP LAP LAR LSP LSR RSR RSP RAR RAP RHP RHR time snd
  {90,100,100, 90, 90, 90, 90, 90, 90,100,100, 90, 8, 0},
  {90, 90, 90, 80, 80, 90, 90, 80, 80,100,100, 90, 8, 0},
  {90, 90, 90, 80, 70, 90, 90, 70, 90, 90, 90, 90, 4, 1},
  {90, 90, 90, 80, 80, 90, 90, 80, 90, 80, 80, 90, 4, 1},
  {90, 80, 80, 90, 90, 90, 90, 90, 90, 80, 80, 90, 8, 0},
  {90, 80, 80,100,100, 90, 90,100,100, 90, 90, 90, 8, 0},
  {90, 90, 90, 90,110, 90, 90,110,100, 90, 90, 90, 4, 2},
  {90,100,100, 90,100, 90, 90,100,100, 90, 90, 90, 4, 2}
};
uint8_t divCounter;
uint8_t keyFrame;
uint8_t nextKeyFrame;

void setup() {
  // put your setup code here, to run once:
  // サーボ用端子設定
  // 省略：リスト5-1と同じ
  // サーボ信号出力設定
  for(i=0; i<12; i++) {
    ledcSetup(i, SV_FREQ, 16);
    ledcAttachPin(sv[i], i);
  }

  // 音声出力設定
  ledcSetup(12, 500, 8);
}

void loop() {
  // put your main code here, to run repeatedly:
  // フレーム処理
  divCounter++;
  if(divCounter >= action[nextKeyFrame][12]) {
    divCounter = 0;
    keyFrame = nextKeyFrame;
```

```
    nextKeyFrame++;
    if(nextKeyFrame > 7) nextKeyFrame = 0;
    // サウンド出力
    if(action[keyFrame][13] == 1){
      ledcAttachPin(audPin, 12);
      ledcWriteNote(12,NOTE_C,4);
    }else if(action[keyFrame][13] == 2){
      ledcAttachPin(audPin, 12);
      ledcWriteNote(12,NOTE_G,4);
    }else if(action[keyFrame][13] == 0){
      ledcDetachPin(audPin);
    }
  }
  // サーボ角度計算
  for(int i = 0; i < 12; i++) {
    tempAngles[i] = action[keyFrame][i] +
          int8_t((action[nextKeyFrame][i] - action[keyFrame][i])
          * divCounter / action[nextKeyFrame][12]);
  }
  // サーボ信号出力
  for(i = 0; i < 12; i++) {
    ledcWrite(i, get_pulse_width(tempAngles[i] + offset[i]));
  }
  delay(30);
}

// パルス幅計算
int get_pulse_width(int angle) {
  // 省略
}
```

動作配列に追加したサウンド用データは、

0	:	サウンド無し
1	:	「ド」発音
2	:	「ソ」発音

となっています。

「loop()」の中でフレームが次の行に移ったタイミングで、サウンド列(action[keyFrame][13])をチェックし、発音を実行、停止しています。

5-4 リモコンを使う

「赤外線リモコン」で、ロボットをコントロールしてみます。

ここでは秋月電子で販売している「リモコン送信機」を使います。
「ボタン電池」(CR2025)を挿入しておいてください。

リモコンの受信部は、メインボード基板上部の3本足の部品です。

■リモコン信号

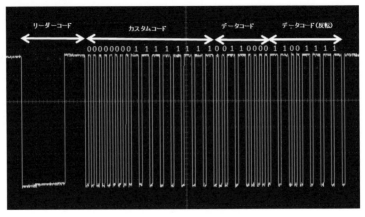

図 5-3　リモコン受信波形

　図5-3は受信したリモコン信号の1例で、「NECフォーマット」と呼ばれるものです。

＊

　縦軸が「電圧」、横軸が「時間」で、左側から「HIGH、LOW、HIGH、LOW…」と、バーコードのような信号がリモコン受光部から得られます。
　これをESP32マイコンの「IO5端子」に入力します。

　一応、注意が必要なのは、「HIGHが1信号を表わし、LOWが0信号を表すことにはならない」ということです。

LOWの後に「長いHIGH」が来ると「1」と判断し、LOWの後に「短いHIGH」が来ると「0」と判断します。

＊

プログラムでは、「IO5端子」の入力状態をチェックして、「HIGHの長さ」と「LOWの長さ」を計測しながら、信号を解析(デコード)していきます。

信号全体は「リーダー」「カスタムコード(16bit)」「データコード(8bit)」「データコード(8bit-反転)」の順にやってくるので、その順に処理していきます。

今回は、「データコード(8bit)」の値を見て、どのボタンが押されたのかを判断します。

■リモコン受信プログラム

まずは、受信した「データコード」をシリアルモニタに出力して、ボタンに対するデータの値を確認するプログラムです。

＊

IO5端子の「入力チェック」には、

```
attachInterrupt(digitalPinToInterrupt(pin), ISR, mode);
```

という、Arduinoの「外部割込み」関数を使います(もうひとつの割り込みは「タイマー割り込み」です)。

これを利用すると、「端子の状態」を勝手にチェックし、変化があった場合には、指定の関数を自動で実行してくれます。

プログラムは少し長いですが、**図5-3**と見比べながら追ってみてください。

＊

「リモコン受光部」からの出力がHIGHやLOWに変化するたびに「rmUpdate()」が呼ばれ、「HIGH時間」「LOW時間」を測定して、信号が「1」なのか「0」なのかを調べていきます。

＊

今、プログラムが受信波形の時間軸上のどこにいるのかを「rmState」という変数に保持しながら進んでいきます。

これが、「**ステートマシン**」という方法です。

ファイル名は、「mr5-16」です。

リスト5-16　リモコン受信

```
// 端子設定
uint8_t interruptPin = 5;

// リモコン関連
boolean  rmReceived = 0;   //信号受信完了した
uint8_t  digit;            //受信データの桁
uint8_t  rmState = 0;      //信号受信状況
uint8_t  dataCode;         //データコード (8bit)
uint8_t  invDataCode;      //反転データコード (8bit)
uint16_t customCode;       //カスタムコード (16bit)
uint32_t rmCode;           //コード全体 (32bit)
volatile uint32_t prevMicros = 0; //時間計測用

void rmUpdate() //信号が変化した
{
  uint32_t width; //パルスの幅を計測
  if(rmState != 0){
    width = micros() - prevMicros;  //時間間隔を計算
    if(width > 10000)rmState = 0; //長すぎ
    prevMicros = micros();   //次の計算用
  }
  switch(rmState){
    case 0: //信号未達
    prevMicros = micros();   //現在時刻 (microseconds) を記憶
    rmState = 1;   //最初のHIGH->LOW信号を検出した
    digit = 0;
    return;
    case 1: //最初のHIGH状態
      if((width > 9500) || (width < 8500)){ //リーダーコード (9ms) ではない
        rmState = 0;
      }else{
        rmState = 2;   //LOW->HIGHで9ms検出
      }
      break;
    case 2: //9ms検出した
      if((width > 5000) || (width < 4000)){ //リーダーコード (4.5ms)ではない
        rmState = 0;
      }else{
        rmState = 3;   //HIGH->LOWで4.5ms検出
      }
```

```
        break;
      case 3: //4.5ms検出した
        if((width > 700) || (width < 400)){
          rmState = 0;
        }else{
          rmState = 4;   //LOW->HIGHで0.56ms検出した
        }
        break;
      case 4: //0.56ms検出した
        if((width > 1800) || (width < 400)){
//HIGH期間(2.25-0.56)msより長い or (1.125-0.56)msより短い
          rmState = 0;
        }else{
          if(width > 1000){ //HIGH期間長い -> 1
            bitSet(rmCode, (digit));
          }else{            //HIGH期間短い -> 0
            bitClear(rmCode, (digit));
          }
          digit++;   //次のbit
          if(digit > 31){ //完了
            rmReceived = 1;
            return;
          }
          rmState = 3;   //次のLOW->HIGHを待つ
        }
        break;
    }
}

void setup() {
  // put your setup code here, to run once:
  Serial.begin(9600);
  // リモコン用端子設定
  pinMode(interruptPin, INPUT_PULLUP);
  attachInterrupt(digitalPinToInterrupt(interruptPin), rmUpdate,
CHANGE);
}

void loop() {
  // put your main code here, to run repeatedly:
  // リモコン受信関連
  if(rmReceived){ //リモコン受信した
    detachInterrupt(digitalPinToInterrupt(interruptPin));
    rmReceived = 0;   //初期化
```

1 仕様検討

2 メカ設計

3 基板設計

4 組み立て

5 プログラミング

167

```
   rmState = 0;          //初期化
   //図5-3とは左右が逆であることに注意
   customCode = rmCode;        //下16bitがcustomCode
   dataCode = rmCode >> 16;   //下16bitを捨てたあとの下8bitがdataCode
   invDataCode = rmCode >> 24; //下24bitを捨てたあとの下8bitが
invDataCode
   if((dataCode + invDataCode) == 0xff){    //反転確認
     Serial.println(dataCode);

   }
   attachInterrupt(digitalPinToInterrupt(interruptPin), rmUpdate,
CHANGE);
  }
}
```

　　　　　　　　　　　　＊

　プログラムをメインボード上で実行して、「リモコン送信」でシリアルモニタ
に数値が出てくることを確認してください。

　　　　　　　　　　　　＊

　「rmUpdate()」の割り込み関数内では、ひたすら「受信データ」(32ビットの
データ) を蓄積していき、32ビットそろった段階で、「loop()」内でデータの解
析を行ないます。

　なお、**図5-3**の受信データは、時間的に「左側が先」ですが、来たデータは順
に「rmCode」変数の下の桁からセットしていくので、左右が逆になります。

表5-1　リモコン受信データ

		⏻	216		
A	248	B	120	C	88
↖	177	↑	160	↗	33
←	16		32	→	128
↙	17	↓	0	↘	129

■LEDの「ON / OFF」

リモコンのプログラムに少し追加して、LEDを「ON / OFF」してみます。
「A」ボタンでLEDをON、「B」ボタンでLEDをOFFです。

「loop( )」の中で「dataCode」をシリアル出力していた部分をswitch文に書き換えて、「dataCode」が "248" ならLEDを「ON」、"120" ならLEDを「OFF」します。

リスト5-17に変更箇所のみを示します。

ファイル名は「mr5-17」としてください。

リスト5-17　LEDを ON / OFF

```
// 端子設定
uint8_t ledPin = 18;

void setup() {
  // put your setup code here, to run once:
  //Serial.begin(9600);
  pinMode(ledPin, OUTPUT);
  pinMode(interruptPin, INPUT_PULLUP);
  attachInterrupt(digitalPinToInterrupt(interruptPin), rmUpdate,
CHANGE);
}

void loop() {
  // put your main code here, to run repeatedly:
  // リモコン受信関連
  if(rmReceived){ //リモコン受信した
    detachInterrupt(digitalPinToInterrupt(interruptPin));
    rmReceived = 0;    //初期化
    rmState = 0;       //初期化
    //図とは左右が逆であることに注意
    customCode = rmCode;       //下16bitがcustomCode
    dataCode = rmCode >> 16;   //下16bitを捨てたあとの下8bitがdataCode
     invDataCode = rmCode >> 24; //下24bitを捨てたあとの下8bitが
invDataCode
    if((dataCode + invDataCode) == 0xff){    //反転確認
      //Serial.println(dataCode);
```

```
      switch(dataCode){
        case 248:
        digitalWrite(ledPin, HIGH); //LED ON
        break;
        case 120:
        digitalWrite(ledPin, LOW); //LED OFF
        break;
        default:
        break;
      }
    }
    attachInterrupt(digitalPinToInterrupt(interruptPin), rmUpdate,
CHANGE);
  }
}
```

5-5 ロボットを完成させる

■リモコンで歩行のコントロール

リスト5-17のプログラムと、歩行（＋サウンド）の**リスト5-15**を合わせて、リモコンで動作をコントロールするプログラムを作ります。

リモコンのボタンの割り当てです。

表 5-2 リモコンボタン割り当て

A	LED ON	B	LED OFF	C	音声出力
↖	左旋回	↑	前進	↗	右旋回
←	左横	無印	停止	→	右横
		↓	後退		

リスト5-17　歩行コントロール

```
#define SV_FREQ 50   // サーボ信号周波数
#define MIN_SV_PULSE 0.6   // 最小パルス幅　0°
#define MAX_SV_PULSE 2.4   // 最大パルス幅 180°


#define STOP  0
#define FWRD  1
#define BWRD  2
#define LTRN  3
#define RTRN  4
#define LEFT  5
#define RGHT  6


// 端子設定
uint8_t svPin[12];
uint8_t audPin = 17;
uint8_t interruptPin = 5;
uint8_t ledPin = 18;


uint8_t i;

// 動作関連
int16_t tempAngles[12] = {90, 90, 90, 90, 90, 90, 90, 90, 90, 90, 90,
90};
int16_t offset[] = { 20, 12, -8, -4, 0, 0, 0, 0, 4,-12, 4, 0};
int16_t fwrd[8][14] = {
//LHR LHP LAP LAR LSP LSR RSR RSP RAR RAP RHP RHR time snd
  {90,100,100, 90, 90, 90, 90, 90, 90,100,100, 90, 8, 0},
  {90, 90, 90, 80, 80, 90, 90, 80, 80,100,100, 90, 8, 0},
  {90, 90, 90, 80, 70, 90, 90, 70, 90, 90, 90, 90, 4, 1},
  {90, 90, 90, 80, 80, 90, 90, 80, 90, 80, 80, 90, 4, 1},
  {90, 80, 80, 90, 90, 90, 90, 90, 90, 80, 80, 90, 8, 0},
  {90, 80, 80,100,100, 90, 90,100,100, 90, 90, 90, 8, 0},
  {90, 90, 90, 90,110, 90, 90,110,100, 90, 90, 90, 4, 2},
  {90,100,100, 90,100, 90, 90,100,100, 90, 90, 90, 4, 2}
};
int16_t bwrd[][14] = {
  {90,100,100-4, 90,110, 90, 70,110, 90,100+4,100, 90, 8, 0},
  {90,100,100-4, 90,110, 90, 90,110,100, 90+4, 90, 90, 8, 0},
  {90, 90, 90-4, 90,110, 90, 90,110,100, 90+4, 90, 90, 4, 1},
  {90, 80, 80-4,100, 90, 90, 90, 90,100, 90+4, 90, 90, 4, 1},
  {90, 80, 80-4, 90, 70,110, 90, 70, 90, 80+4, 80, 90, 8, 0},
  {90, 90, 90-4, 80, 70, 90, 90, 70, 90, 80+4, 80, 90, 8, 0},
```

1 仕様検討

2 メカ設計

3 基板設計

4 組み立て

5 プログラミング

171

```
  {90, 90, 90-4, 80, 70, 90, 90, 70, 90, 90+4, 90, 90, 4, 2},
  {90, 90, 90-4, 80, 90, 90, 90, 90, 80,100+4,100, 90, 4, 2}
};
int16_t ltrn[][14] = {
  {90,100,100, 90,110, 90, 70,110, 90,100,100, 90, 8, 0},
  {90, 90, 90, 80, 90, 90, 90, 80, 80,100,100, 90, 8, 0},
  {90, 90, 90, 80, 70, 90, 90, 70, 90, 90, 90, 90, 4, 0},
  {90, 90, 90, 80, 70, 90, 90, 70, 90, 80, 80, 90, 4, 1},
  {90, 80, 80, 90, 70,110, 90, 70, 80, 80, 90, 8, 1},
  {90, 80, 80, 90, 90, 90, 90, 90, 90, 90, 90, 90, 8, 0},
  {90, 90, 90, 90,110, 90, 90,110, 90, 90, 90, 90, 4, 2},
  {90,100,100, 90,110, 90, 90,110, 90, 90, 90, 90, 4, 2}
};
int16_t rtrn[][14] = {
  {90,100,100, 90,110, 90, 70,110, 90,100,100, 90, 8, 0},
  {90, 90, 90, 90, 90, 90, 90, 80, 90,100,100, 90, 8, 0},
  {90, 90, 90, 90, 70, 90, 90, 70, 90, 90, 90, 90, 4, 1},
  {90, 90, 90, 90, 70, 90, 90, 70, 90, 80, 80, 90, 4, 1},
  {90, 80, 80, 90, 70,110, 90, 70, 90, 80, 80, 90, 8, 0},
  {90, 80, 80, 90, 90, 90, 90, 90,100, 90, 90, 90, 8, 0},
  {90, 90, 90, 90,110, 90, 90,110,100, 90, 90, 90, 4, 2},
  {90,100,100, 90,110, 90, 90,110,100, 90, 90, 90, 4, 2}
};
int16_t left[][14] = {
  { 90, 90, 90, 90, 90, 90, 90, 90, 90, 90, 90, 90, 8, 0},
  { 90, 90, 90,100, 90, 90, 90, 90,100, 90, 90, 90, 8, 0},
  {100, 90, 90,100, 90, 90, 90, 90,100, 90, 90, 90, 8, 1},
  { 90, 90, 90, 80, 90, 90, 90, 90, 80, 90, 90, 80, 8, 1},
  { 90, 90, 90, 80, 90, 90, 90, 90, 80, 90, 90, 80, 8, 0},
  { 90, 90, 90, 90, 90, 90, 90, 90, 90, 90, 90, 90, 8, 0}
};
int16_t rght[][14] = {
  { 90, 90, 90, 90, 90, 90, 90, 90, 90, 90, 90, 90, 8, 0},
  { 90, 90, 90, 80, 90, 90, 90, 90, 80, 90, 90, 90, 8, 0},
  { 90, 90, 90, 80, 90, 90, 90, 90, 80, 90, 90, 80, 8, 1},
  {100, 90, 90,100, 90, 90, 90, 90,100, 90, 90, 90, 8, 1},
  { 90, 90, 90,100, 90, 90, 90, 90,100, 90, 90, 90, 8, 0},
  { 90, 90, 90, 90, 90, 90, 90, 90, 90, 90, 90, 90, 8, 0}
};
int16_t action[8][14];
uint8_t maxRows;
uint8_t divCounter;
uint8_t keyFrame;
uint8_t nextKeyFrame;
```

```
uint8_t actionMode;

// リモコン関連
boolean  rmReceived = 0;    //信号受信完了した
uint8_t  digit;             //受信データの桁
uint8_t  rmState = 0;       //信号受信状況
uint8_t  dataCode;          //データコード (8bit)
uint8_t  invDataCode;       //反転データコード (8bit)
uint16_t customCode;        //カスタムコード (16bit)
uint32_t rmCode;            //コード全体 (32bit)
volatile uint32_t prevMicros = 0; //時間計測用

void rmUpdate() //信号が変化した
{
  // 省略
}

void setup() {
  // put your setup code here, to run once:

  // サーボ用端子設定
  // 省略 :リスト5-1と同じ

  // サーボ信号出力設定
  for(i=0; i<12; i++) {
    ledcSetup(i, SV_FREQ, 16);
    ledcAttachPin(svPin[i], i);
  }

  // 音声出力設定
  ledcSetup(12, 500, 8);

  // 動作モード初期化
  actionMode = STOP;

  // LED用端子設定
  pinMode(ledPin, OUTPUT);

  // リモコン用端子設定
  pinMode(interruptPin, INPUT_PULLUP);
  attachInterrupt(digitalPinToInterrupt(interruptPin), rmUpdate,
CHANGE);
}
```

```
void loop() {
  // put your main code here, to run repeatedly:
  // リモコン受信関連
  if(rmReceived){ //リモコン受信した
    detachInterrupt(digitalPinToInterrupt(interruptPin));
    rmReceived = 0;   //初期化
    rmState = 0;      //初期化
    //図とは左右が逆であることに注意
    customCode = rmCode;    //下16bitがcustomCode
    dataCode = rmCode >> 16;   //下16bitを捨てたあとの下8bitがdataCode
    invDataCode = rmCode >> 24; //下24bitを捨てたあとの下8bitが
invDataCode
    if((dataCode + invDataCode) == 0xff){    //反転確認
      //Serial.println(dataCode);
      switch(dataCode){
        case 248:
          digitalWrite(ledPin, HIGH);
          break;
        case 120:
          digitalWrite(ledPin, LOW);
          break;
        case 88:   //サウンド出力
          ledcAttachPin(audPin, 12);
          ledcWriteNote(12,NOTE_C,4);
          delay(500);
          ledcWriteNote(12,NOTE_D,4);
          delay(500);
          ledcWriteNote(12,NOTE_E,4);
          delay(500);
          ledcDetachPin(audPin);
          break;
        case 160:
          actionMode = FWRD;
          memcpy(action, fwrd, sizeof(fwrd));
          maxRows = sizeof(fwrd) / sizeof(*fwrd) - 1;
          break;
        case 0:
          actionMode = BWRD;
          memcpy(action, bwrd, sizeof(bwrd));
          maxRows = sizeof(bwrd) / sizeof(*bwrd) - 1;
          break;
        case 177:
          actionMode = LTRN;
          memcpy(action, ltrn, sizeof(ltrn));
```

```
        maxRows = sizeof(ltrn) / sizeof(*ltrn) - 1;
        break;
      case 33:
        actionMode = RTRN;
        memcpy(action, rtrn, sizeof(rtrn));
        maxRows = sizeof(rtrn) / sizeof(*rtrn) - 1;
        break;
      case 16:
        actionMode = LEFT;
        memcpy(action, left, sizeof(left));
        maxRows = sizeof(left) / sizeof(*left) - 1;
        break;
      case 128:
        actionMode = RGHT;
        memcpy(action, rght, sizeof(rght));
        maxRows = sizeof(rght) / sizeof(*rght) - 1;
        break;
      case 32:
        actionMode = STOP;
        for(int i=0; i<12; i++) {
          tempAngles[i] = 90;
        }
      ledcDetachPin(audPin);
        break;
      default:
        break;
    }
  }
  attachInterrupt(digitalPinToInterrupt(interruptPin), rmUpdate,
CHANGE);
  }
  // リモコン受信関連ここまで

  // 動作・サウンド出力
  if(actionMode != STOP){ // STOPモード以外
    // フレーム処理
    divCounter++;
    if(divCounter >= action[nextKeyFrame][12]) {
      divCounter = 0;
      keyFrame = nextKeyFrame;
      nextKeyFrame++;
      if(nextKeyFrame > maxRows) nextKeyFrame = 0;
      // サウンド出力
      if(action[keyFrame][13] == 1){
```

```
      ledcAttachPin(audPin, 12);
      ledcWriteNote(12,NOTE_C,4);
    }else if(action[keyFrame][13] == 2){
      ledcAttachPin(audPin, 12);
      ledcWriteNote(12,NOTE_G,4);
    }else if(action[keyFrame][13] == 0){
      ledcDetachPin(audPin);
    }
  }
  // サーボ角度計算
  for(int i=0; i<12; i++) {
    tempAngles[i] = action[keyFrame][i] +
        int8_t((action[nextKeyFrame][i] - action[keyFrame][i])
            * divCounter / action[nextKeyFrame][12]);
  }
  // サーボ信号出力
  for(i = 0; i < 12; i++) {
    ledcWrite(i, get_pulse_width(tempAngles[i] + offset[i]));
  }
  delay(30);
  }
  // 動作・サウンド出力ここまで
}

int get_pulse_width(int angle) {
  // 省略
}
```

＊

動作モードを管理するために「actionMode」という変数を導入しています。

＊

イニシャルは「actionMode = 0 (STOP)」で、リモコンの受信で「actionMode = 1 (FWRD)」などに変わります。

その際に、

```
memcpy(action, fwrd, sizeof(fwrd));
maxRows = sizeof(fwrd) / sizeof(*fwrd) - 1;
```

のところで、動作データ配列を「action[ ][ ]」という配列に格納し直しています。

これは、その後の「サーボの角度計算」のところで場合分けをしなくてすむようにするためです。

＊

また、この時動作データ配列の行数を計算して「maxRows」という変数に代入しています。

フレーム処理のところで数値で書いていた部分を「maxRows」に置き換えます。

サーボの角度計算は「歩行時」のみ行ない、「停止時」はリモコンで停止データを受信したときにすべての関節角度を90°にするよう設定しています。

＊

「歩行」から「停止」への姿勢移行は特に何も行なわず、どの姿勢であっても瞬時に「停止姿勢」になります。

プログラムをロボットに書き込んで、実機での動作を確認してください。

＊

だいたいはうまくいくはずですが、ひとつ問題があります。

歩行中にリモコンでサウンド再生すると歩行動作が止まってしまいます。

これは歩行動作、サウンド再生ともに時間を計るのに「delay( )」を使っているためです。

「delay()関数」はスケッチ内容が比較的明確で単純な確認のような目的には有用ですが、ひとつ欠点があるのです。

「delay()」実行中は他の処理が止まってしまうので、少し込み入ったプログラムの場合には不具合が生じることがあります。

そこで、ここでは、「サーボを「delay()」を使わずにコントロールする方法」の例を示しておきます。

具体的には、タイマー割り込みを「30ミリ秒」で常時まわして、時間をカウントします。

リスト5-18　delayを使わない

```
//  ↑ここまで省略

int16_t action[8][14];
uint8_t maxRows;
uint8_t divCounter;
uint8_t keyFrame;
uint8_t nextKeyFrame;
uint8_t actionMode;
uint8_t svFlag = 0; //30msecの割り込みを知らせる
```

```
// タイマー
hw_timer_t * timer = NULL;
volatile SemaphoreHandle_t timerSemaphore;

// 音声関連
boolean beep = false; //リモコンからのbeep音を鳴らす
uint16_t bpCounter = 0; //beep音用カウンター

// リモコン関連
boolean  rmReceived = 0;    //信号受信完了した
uint8_t  digit;             //受信データの桁
uint8_t  rmState = 0;       //信号受信状況
uint8_t  dataCode;          //データコード (8bit)
uint8_t  invDataCode;       //反転データコード (8bit)
uint16_t customCode;        //カスタムコード (16bit)
uint32_t rmCode;            //コード全体 (32bit)
volatile uint32_t prevMicros = 0; //時間計測用

// タイマー割り込み
void IRAM_ATTR onTimer(){
  xSemaphoreGiveFromISR(timerSemaphore, NULL);
  svFlag = 1;
  bpCounter++;
}

void rmUpdate() //信号が変化した
{
  // 省略
}

void setup() {
  // put your setup code here, to run once:

  // ↑省略
  // タイマー割り込みセット
  timerSemaphore = xSemaphoreCreateBinary();
  timer = timerBegin(1, 80, true);
  timerAttachInterrupt(timer, &onTimer, true);
  timerAlarmWrite(timer, 30000, true);
  timerAlarmEnable(timer);
}

void loop() {
```

```
// put your main code here, to run repeatedly:
// リモコン受信関連
if(rmReceived){ //リモコン受信した
  detachInterrupt(digitalPinToInterrupt(interruptPin));
  rmReceived = 0;    //初期化
  rmState = 0;       //初期化
  //図とは左右が逆であることに注意
  customCode = rmCode;        //下16bitがcustomCode
  dataCode = rmCode >> 16;  //下16bitを捨てたあとの下8bitがdataCode
  invDataCode = rmCode >> 24; //下24bitを捨てたあとの下8bitが
invDataCode
  if((dataCode + invDataCode) == 0xff){    //反転確認
    //Serial.println(dataCode);
    switch(dataCode){
      // 省略
      case 88:
        beep = true;
        bpCounter = 0;
        ledcAttachPin(audPin, 12);
        break;
      // 省略
      default:
      break;
    }
  }
  attachInterrupt(digitalPinToInterrupt(interruptPin), rmUpdate,
CHANGE);
}
// リモコン受信関連ここまで

// 動作・サウンド出力
if(svFlag) {  // 30ミリ秒ごと
  svFlag = 0;
  if(actionMode != STOP){ // STOPモード以外
    // フレーム処理
    divCounter++;
  if(divCounter >= action[nextKeyFrame][12]) {
    divCounter = 0;
    keyFrame = nextKeyFrame;
    nextKeyFrame++;
  if(nextKeyFrame > maxRows) nextKeyFrame = 0;
    // サウンド出力
    if(!beep){
      if(action[keyFrame][13] == 1){
```

1 仕様検討
2 メカ設計
3 基板設計
4 組み立て
5 プログラミング

179

```
                    ledcAttachPin(audPin, 12);
                    ledcWriteNote(12,NOTE_C,4);
                  }else if(action[keyFrame][13] == 2){
                    ledcAttachPin(audPin, 12);
                    ledcWriteNote(12,NOTE_G,4);
                  }else if(action[keyFrame][13] == 0){
                    ledcDetachPin(audPin);
                  }
              }
          }
        // サーボ角度計算
        for(int i=0; i<12; i++) {
          tempAngles[i] = action[keyFrame][i] +
              int8_t((action[nextKeyFrame][i] - action[keyFrame][i])
                * divCounter / action[nextKeyFrame][12]);
        }
      }
      // サーボ信号出力
      for(i = 0; i < 12; i++) {
        ledcWrite(i, get_pulse_width(tempAngles[i] + offset[i]));
    }
      //delay(30);
      // サウンド出力
    if(beep) {
        if(bpCounter == 0)ledcWriteNote(12,NOTE_C,4);
        else if(bpCounter == 10)ledcWriteNote(12,NOTE_D,4);
        else if(bpCounter == 20)ledcWriteNote(12,NOTE_E,4);
        else if(bpCounter == 30){
          ledcDetachPin(audPin);
          beep = false;
        }
      }
    }
    // 動作・サウンド出力ここまで
}

int get_pulse_width(int angle) {
  // 省略
}
```

＊

割り込み関数の中で、30ミリ秒経過を知らせる変数（フラグ）

```
svFlag = 1;
```

を設定し、「loop( )」の中でこれを拾っています。

　リモコンボタンによるサウンド発声も「delay( )」をやめて、割り込み関数の中でカウントアップしている「bpCounter」を利用しています。

■起き上がり動作

　ロボットの基本機能としては、**リスト5-18**のプログラムまでで、一応の完成とします。

　意欲のある方は**図5-4**を参考に、「起き上がりの動作」を追加で作ってみてください。

　ポイントは、2番目の「腕立ての状態」になったところから、両脚をなるべく前側に潜り込ませるようにすることです。

　「ボディの重心」が足平の上に来れば、あとは脚を伸ばせば立つことができます。
　　　　　　　　　　　　　　　　　＊
　なお、股関節ピッチ軸のサーボをとめているネジが長く、脚を前方に充分に曲げることができませんので、ネジを「短いもの」に交換してください。
　また、腕を少し長くするだけで比較的簡単に立つことができます。

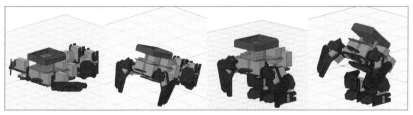

図5-4　起き上がり動作

　Arduinoのプロジェクト「mr5-19」をダウンロードして実行し、出力されるセンサ値を確認します。

1 仕様検討
2 メカ設計
3 基板設計
4 組み立て
5 プログラミング

5-6　センサの利用

ロボットによく使われるセンサとして、「ジャイロ・加速度センサ」を試してみます。

ジャイロから「ピッチ軸回転速度」（ロボットが前後に倒れる回転）を取得し、足首ピッチ軸サーボにフィードバックします。

■9軸センサを接続

ここでは、ネット通販等で入手しやすい「9軸センサモジュール」と呼ばれるものを使います。

これには、「MPU9250」という素子が搭載されています。

*

3軸（x、y、z）周りの「回転速度」（ジャイロ）、3軸方向の「加速度」（**加速度センサ**）、3軸方向の「磁気」（**地磁気センサ**）を測定することができます。

図5-5　9軸センサ

「ジャイロ」は主にロボットの「転倒防止」に、「加速度センサ」は重力加速度を測定してロボットの「姿勢検知」（起きている / 寝ている）に利用されます。

なお、今回、「地磁気センサ」は使いません。

モジュールを上に向けて装着し、端子4か所（「VCC」「GND」「SCL」「SDA」）をワイヤーで接続してください。

コネクタを使って、直接基板に立ててもかまいませんが、そのときは利用する回転軸が変わります。

まず、単純に「センサの値」を読み出して、「シリアルモニタ」に出力してみます。

プログラムは「I2C」での「MPU9250」とのやり取りとなります。

＊

```
#include <Wire.h>
```

<Wire.h> はArduinoで「I2C」を使うためのライブラリです。

「200ミリ秒」ごとにセンサの値を読んで表示させています。

＊

ロボットを前後に倒す方向に動かすと、Z軸ジャイロの値「**gz**」が変化することを確認してください。

＊

続いて、ジャイロの値を「足首ピッチ軸サーボ」の目標角度にフィードバックして歩行を安定化してみます。

これは、「前進歩行」(FWRD)のときのみとします。

```
if(actionMode == FWRD){
  read_mpu9250();
  int gyro=((int)gyY>>5);
  tempAngles[2] -= gyro;  //左足首ピッチ軸
  tempAngles[9] += gyro;  //右足首ピッチ軸
}
```

ジャイロがロボットの後ろ向きの回転を検知したら足首関節を「前倒れ方向」に、前向きの回転を検知したら足首関節を「後ろ倒れ方向」に補正します。

※なお、センサの出力値自体は大きすぎるので「5ビット右シフト」(2の5乗で割る)しています。

＊

リスト5-18とダウンロードファイル「**mr5-19**」を結合してプログラムを作ります。

ちょっと長くなりすぎますので、**ダウンロードファイル「mr5-19」**のほうを別ファイル(mpu9250.h / mpu9250.cpp)としています。

リスト5-18のプログラムを「Arduino IDE」で開いた状態で、右上の下向き▽ボタンを押して「新規タブ」を生成します。

名前を「mpu9250.h」として、そこに**リスト5-20**を入力します。
リスト5-19からのコピペで編集します。

1 仕様検討
2 メカ設計
3 基板設計
4 組み立て
5 プログラミング

183

プログラム本体のほうは、変更箇所のみを示します。

リスト5-19　ジャイロによる補正

```
#include "mpu9250.h"   //先頭に追加

void setup() {
  // 省略
  init_mpu9250();   //追加
}

void loop() {
  // 省略
  if(actionMode != STOP){ // STOP モード以外
    // 省略
    if(actionMode == FWRD){   //追加
      read_mpu9250();
      int gyro=((int)gyY>>5);
      tempAngles[2]-=gyro;
      tempAngles[9]+=gyro;
    }
  }
  // 省略
}
```

＊

実行して、歩行の様子を確認してみてください。

多少改善されていますでしょうか。

＊

今回は「ジャイロセンサ」をロボットの姿勢制御に利用しました。

「加速度センサ」のほうは、「数秒おきに値を読んで、倒れていれば起き上がる」などの機能に利用できます。

5-7　BLE通信

ESP32マイコンには「Wi-Fi / Bluetooth」の通信機能があるので、最後に「BLE」を使って、「スマートフォン」からロボットをコントロールしてみます。

■BLEでロボットと通信

予め、スマートフォンに「BLEアプリ」をインストールしておいてください。

- Android　：　BLE Scanner
- iOS　　　：　BLE Scanner

ロボット側のプログラムは、Arduinoのサンプルプログラムを利用します。

「ファイル」→「スケッチ例」→「ESP32 BLE Arduino」→「BLE write」を開いてください。

ロボットのLEDを「ON / OFF」できるように追加します。

リスト5-20　BLEでコントロール

```
/*
    Based on Neil Kolban example for IDF: https://github.com/nkolban/
esp32-snippets/blob/master/cpp_utils/tests/BLE%20Tests/SampleWrite.
cpp
    Ported to Arduino ESP32 by Evandro Copercini
*/

#include <BLEDevice.h>
#include <BLEUtils.h>
#include <BLEServer.h>

// See the following for generating UUIDs:
// https://www.uuidgenerator.net/

#define SERVICE_UUID        "4fafc201-1fb5-459e-8fcc-c5c9c331914b"
#define CHARACTERISTIC_UUID "beb5483e-36e1-4688-b7f5-ea07361b26a8"

uint8_t ledPin = 18;
```

1 仕様検討
2 メカ設計
3 基板設計
4 組み立て
5 プログラミング

```
class MyCallbacks: public BLECharacteristicCallbacks {
    void onWrite(BLECharacteristic *pCharacteristic) {
      std::string value = pCharacteristic->getValue();

      if (value.length() > 0) {
        Serial.println("*********");
        Serial.print("New value: ");
        for (int i = 0; i < value.length(); i++){
          Serial.print(value[i]);
          if(value[i]=='1') digitalWrite(ledPin, HIGH);
          else digitalWrite(ledPin, LOW);
        }
        Serial.println();
        Serial.println("*********");
      }
    }
};

void setup() {
  Serial.begin(115200);

  Serial.println("1- Download and install an BLE scanner app in your
phone");
  Serial.println("2- Scan for BLE devices in the app");
  Serial.println("3- Connect to MyESP32");
  Serial.println("4- Go to CUSTOM CHARACTERISTIC in CUSTOM SERVICE and
write something");
  Serial.println("5- See the magic =)");

  BLEDevice::init("MyESP32");
  BLEServer *pServer = BLEDevice::createServer();

  BLEService *pService = pServer->createService(SERVICE_UUID);

  BLECharacteristic *pCharacteristic = pService->createCharacteristic(
                                         CHARACTERISTIC_UUID,
                                         BLECharacteristic::PROPERTY_
READ |
                                         BLECharacteristic::PROPERTY_
WRITE
                                       );
```

```
  pCharacteristic->setCallbacks(new MyCallbacks());

  pCharacteristic->setValue("Hello World");
  pService->start();

  BLEAdvertising *pAdvertising = pServer->getAdvertising();
  pAdvertising->start();

  pinMode(ledPin, OUTPUT);
}

void loop() {
  // put your main code here, to run repeatedly:
  delay(2000);
}
```

＊

　スマートフォンのアプリを立ち上げてロボットの電源を入れると（書き込みケーブルの接続のみでも可）、「**MyESP32**」という名前で出てくるので「CONNECT」ボタンを押して接続します。

＊

　"4FAF…."で始まるサービスを選択して、"BEB5….."で始まるキャラクタリスティックで「Write」ボタンを押して数字を書き込みます。

　"1"を送信すると「LEDが点灯」、"0"などを送信すると「LEDが消灯」するはずです。

＊

　「Write」は「Text」と「Byte Array」とありますが、「Text」のほうで送ります。
　ここでスマートフォンから送っているのは「数値データ」の「0,1…」ではなく、**「文字」**としての"0","1"…です。

1 仕様検討

2 メカ設計

3 基板設計

4 組み立て

5 プログラミング

187

索 引

五十音順

■著者略歴

中村　俊幸（なかむら　としゆき）

東京工業大学生産機械工学科卒業
電機メーカーにて製品開発・設計に従事の後、ロボットの研究開発
に携わる。
2014年より（株）ミューズ・ロボティクスを設立し、大手玩具メーカー
向けの開発支援や教育用ロボットキットの開発などを行なう。
https://meuse.co.jp

本書の内容に関するご質問は、
① 返信用の切手を同封した手紙
② 往復はがき
③ FAX (03) 5269-6031
　 （返信先の FAX 番号を明記してください）
④ E-mail　editors@kohgakusha.co.jp
のいずれかで、工学社編集部あてにお願いします。
なお、電話によるお問い合わせはご遠慮ください。

サポートページは下記にあります。

［工学社サイト］
http://www.kohgakusha.co.jp/

I/O BOOKS

予算1万円でつくる二足歩行ロボット

2020 年 6 月 25 日　初版発行　 ⓒ 2020

著　者	中村　俊幸
発行人	星　正明
発行所	株式会社 **工学社**

〒160-0004 東京都新宿区四谷 4-28-20 2F

電話	(03) 5269-2041 (代) ［営業］
	(03) 5269-6041 (代) ［編集］
振替口座	00150-6-22510

※定価はカバーに表示してあります。

印刷：シナノ印刷 (株)

ISBN978-4-7775-2109-8